化学工业出版社"十四五"普通高等教育规划教材

本教材获宁夏大学教材出版基金资助

NEWLY COMPILED COMPREHENSIVE CHEMICAL EXPERIMENTS

新编综合化学实验

陈小燕　李冰　周惠良　主编

化学工业出版社

·北京·

内容简介

《新编综合化学实验》教材依据高校化学类本科专业认证课程的教学大纲编写,作为独立开设的综合化学实验课程的配套教材,符合化学专业的人才培养要求,秉承以学生为中心的教育理念,融入党的二十大精神,落实立德树人根本任务,注重培养学生的综合能力。本教材分为四部分,共 42 个实验,从基础综合化学实验到中级综合化学实验,再到研究性与设计性化学实验,层层递进、由易到难,符合学生的认知规律和发展特点。内容涵盖了无机物的制备和含量分析、有机物的合成及表征测试、天然产物的提取分离和检测以及晶体结构解析、超分子环糊精包合作用的研究等内容。

《新编综合化学实验》可作为高校化学、应用化学、材料化学、环境科学与工程、制药工程等专业高年级本科生的实验教材,也可供化学相关的其他专业学生参考使用。

图书在版编目(CIP)数据

新编综合化学实验 / 陈小燕,李冰,周惠良主编.
北京:化学工业出版社,2025.5. --(化学工业出版社"十四五"普通高等教育规划教材). -- ISBN 978-7-122-47776-7

I. O6-3

中国国家版本馆 CIP 数据核字第 2025YV5111 号

责任编辑:傅四周 赵玉清   装帧设计:韩 飞
责任校对:赵懿桐

出版发行:化学工业出版社
    (北京市东城区青年湖南街 13 号 邮政编码 100011)
印 装:河北延风印务有限公司
710mm×1000mm 1/16 印张 10 字数 157 千字
2025 年 7 月北京第 1 版第 1 次印刷

购书咨询:010-64518888   售后服务:010-64518899
网 址:http://www.cip.com.cn
凡购买本书,如有缺损质量问题,本社销售中心负责调换。

定 价:34.00元   版权所有 违者必究

前　言

本教材依据高校化学类本科专业认证综合化学实验课程的教学大纲，紧密结合化学专业的人才培养要求，通过多年来综合化学实验课程的教学改革实践，并融入教学团队最新的科研成果而编写。本教材作为与独立开设的综合化学实验课相配套的教材，力求与学科前沿紧密结合，具有一定的科研性质。本教材注重培养学生的综合能力，进一步巩固学生的四大基础化学实验操作技能，拓宽学生知识面，培养学生综合运用专业知识和实验技能去解决问题的能力、查阅文献资料的能力、设计实验以及使用一些大型仪器测试分析的能力，这将对推动我国高校的综合化学实验教学发展和学生创新能力的培养起到很重要的作用。

本教材分为四部分，第一部分为基础综合化学实验，包含简单无机物和有机物的合成及含量分析测定，重在让学生巩固无机物和有机物合成及分析的基本原理，强化学生的基本实验操作技能。第二部分为中级综合化学实验，主要包括较复杂的无机配合物如硫酸四氨合铜的合成及含量的测定、三草酸合铁酸钾的合成及含量的测定，有机物的多步骤合成实验及表征测试，等等。另外，本部分新增了一些由教师团队科研成果转化的实验项目，例如涉及超分子化学的 β-环糊精包合橙黄Ⅳ实验、生物质糠醛渣对亚甲基蓝的吸附性能的研究、水热法原位合成吡啶基三唑前驱体及其单晶衍射分析等综合实验，旨在锻炼学生综合运用所学理论知识解决实际问题的能力，并且培养学生的创新能力和科学素养。通过对产品的表征测试，让学生熟练掌握大型仪器设备如傅里叶变换红外光谱仪、核磁共振波谱仪等操作方法的同时，大幅提升其对实验数据的分析处理能力。第三部分为研究性与设计性化学实验，使学生通过查阅文献资料、分组讨论、归纳总结形成实验研究方案，再配制试剂和选择仪器，并开展实验，最后分析实验结果，得出结论。本部分内容可为学生撰写毕业论文或者即将进行研究生科研工作奠定基础。第四部分为附录，提供与综合化学实验项目相关的试剂的物性常数、有机官能团的红外吸收特征频率等，供师生参考。

本书由蔡磊、李吉光两位老师参编。本书在编写过程中参考了兄弟院校的有关教材以及国内外的相关文献资料，在此一并表示崇高的敬意和衷心的感谢！本教材获宁夏大学教材出版基金（030700002408）资助，特此致谢！

由于编者水平所限，书中难免存在疏漏之处，敬请广大读者批评指正。

编者

2025 年 3 月

目 录

实验室安全知识

第一部分　基础综合化学实验　　　　　　　　　　　　　　　　　　　　004

实验一　无溶剂快速合成查耳酮及产物的表征 …………………………… 004

实验二　碘盐的制备及 KIO_3 含量的测定（分光光度法） ……………… 007

实验三　饮料中柠檬酸及维生素 C 含量的测定 …………………………… 010

实验四　双波长分光光度法同时测定药物中的维生素 C 和维生素 E …… 015

实验五　循环伏安法测定配合物的稳定性 ………………………………… 017

实验六　过氧化钙的合成及含量分析 ……………………………………… 021

实验七　一水合硫酸氢钠催化合成乙酸正丁酯及产物表征 ……………… 026

实验八　镇静催眠药巴比妥酸的制备 ……………………………………… 028

实验九　微波条件下 SiO_2/K_2CO_3 促进的无溶剂法合成肉桂腈 ……… 031

实验十　薄层色谱法分离菠菜叶绿色素（微型实验） …………………… 033

实验十一　热致变色材料四氯合铜二乙基铵盐的合成与结构表征 ……… 036

第二部分　中级综合化学实验　　　　　　　　　　　　　　　　　　　　039

实验十二　微波合成磷酸锌及磷钼蓝法测定磷含量 ……………………… 039

实验十三　硫酸四氨合铜（Ⅱ）的制备及配离子组成测定 ……………… 043

实验十四　三草酸合铁（Ⅲ）酸钾的制备、组成测定及表征 …………… 048

实验十五　安息香及其衍生物二苯乙二酮的合成及表征 ………………… 055

实验十六　由二苯乙二酮合成二苯基醇酸及产物表征 …………………… 060

实验十七　无溶剂条件下碱催化肉桂醛合成 α,β-不饱和醛酮 …………… 064

实验十八　甲基橙的合成及解离常数的测定 ……………………………… 066

实验十九　微波辐射合成和水解乙酰水杨酸 ……………………………… 072

实验二十　β-环糊精与橙黄Ⅳ超分子包合作用的研究 …………………… 074

实验二十一　糠醛渣对亚甲基蓝吸附性能的研究 ………………………… 078

实验二十二	氧载体模拟配合物 [Co(Ⅱ)Salen]的制备、表征和载氧的作用	082
实验二十三	红辣椒中红色素的提取和分离	088
实验二十四	从肉桂皮中提取肉桂油及其主要成分的鉴定	093
实验二十五	新鲜蔬菜中 β-胡萝卜素的分离和含量的测定	098
实验二十六	植物叶绿体色素的提取、分离、表征及含量测定	101
实验二十七	水热法原位合成吡啶基三唑前驱体及其单晶衍射分析	107
实验二十八	高压反应：α-氯萘水解制 α-萘酚	112
实验二十九	水热法制备纳米氧化铁材料	114
实验三十	微波辐射下三甲醇丙烷、季戊四醇与羧酸合成润滑油类羧酸酯	117
实验三十一	局部麻醉剂苯佐卡因的合成及表征	119
实验三十二	铜基三唑类含能配合物的制备及催化活性研究	122

第三部分　研究性与设计性化学实验　126

实验三十三	Fe_3O_4 纳米磁性复合材料的合成与应用研究	126
实验三十四	分子筛的制备及其物性测定	130
实验三十五	Gaussian 程序的使用——甲醛分子与氢原子反应动力学过程研究	133
实验三十六	从玉米黄浆中提取玉米黄色素及蛋白质制备复合氨基酸	136
实验三十七	煤基活性炭材料性质的分析和评价	137
实验三十八	池塘水质分析	138
实验三十九	含芳烃废水的超声降解	139
实验四十	用双氰胺渣合成过氧化钙	142
实验四十一	活性炭固体酸催化剂的制备及其催化合成苯甲醛乙二醇缩醛	143
实验四十二	石墨相氮化碳的制备及其光催化降解罗丹明 B 的研究	146

附录　148

附录1	常用元素的原子量	148
附录2	常见基团和化学键的红外吸收特征频率	149
附录3	常用有机溶剂的沸点、密度	152
附录4	实验室常用酸碱溶液的密度、质量分数和浓度	153
附录5	紫外光谱常用溶剂	153
附录6	共轭烯烃吸收带波长的计算方法	154

实验室安全知识

在做化学实验时，经常使用腐蚀性、易燃、易爆炸或者有毒的各类化学试剂，大量易破损的玻璃仪器和某些精密分析测试仪器，以及水、电，等等，存在许多安全隐患。为确保实验的正常、顺利进行和人身安全，必须严格遵守实验室的安全规章制度。

一、实验室安全规章制度

1. 实验室内必须保持整洁，不得将固体废弃物如用过的滤纸、称量纸、抹布、毛刷等扔在水槽里，一定要保持水槽清洁，以免造成下水道堵塞。此类物质要分类放在实验室规定的地方。

2. 进入实验室必须要穿实验服，且不能穿短裤和拖鞋，女生不能披头散发。不能把食品或饮品带入实验室，严禁在实验室内饮食和吸烟。

3. 新生要先在实验室综合管理平台中学习化学类安全知识，并参加实验室安全准入考试，取得合格证书后，方能进入实验室进行实验。

4. 严格遵守化学试剂的领用和管理制度，禁止将化学试剂带出实验室。

5. 实验中产生的废酸、废碱以及滤液等倒入指定的废液收集桶中，并填写"实验室废液收集记录表"，该表由实验室管理员统一收集并上交。

6. 使用具有强腐蚀性的浓酸和浓碱时，要谨慎，切勿溅在皮肤和衣服上。稀释浓硫酸时，要把酸缓慢注入水中，不可把水加入酸中。使用浓硝酸、浓硫酸、氨水等易挥发的试剂时，应在通风橱里操作。

7. 有机试剂如乙醇、乙醚、苯、丙酮等，具有易燃特性，使用时一定要远离明火，用后必须塞紧瓶口，放在阴凉处保存，严禁敞口存放。

8. 进入实验室后，应提前了解实验室内各类消防设备（灭火毯、消防沙箱、灭火器）、个人防护设备（护目镜、防毒面罩）以及急救设备（喷淋装置、洗眼器、急救药箱）放置点，学会其使用方法。

9. 使用电器设备时应特别小心，切不可用湿润的手去开启电闸和仪器设备的开关。若发现仪器设备漏电应立即停止使用，以免发生触电危险，并及时报修。

10. 实验室如发生火灾时，应根据火情大小，立即采取相应措施。若个人衣物着火，切勿奔跑，应迅速脱下衣物，并用灭火设施或喷淋设备灭火。

11. 电子分析天平、紫外-可见分光光度计、红外光谱仪、熔点测定仪、核磁共振波谱仪等均属于教学实验中使用的精密仪器，在使用时应严格遵守仪器的操作规程。仪器使用完毕后，应按照关机顺序关闭软件、电脑和仪器，并切断电源，及时登记仪器设备的使用情况。

12. 实验完毕后，须洗手。离开实验室前，应检查水、电、门、窗等是否已关好，并填写《实验室使用登记本》。

二、发生意外事故的处理措施

1. 失火。由于易燃试剂保存或使用不当、电气设备发生故障及违反操作规程等原因，实验室可能发生较大范围的失火事故，这时就要根据燃烧物的特性采取不同类型的灭火器。①如果导线或电器着火，不能用水基灭火器灭火，应首先切断电源，再用二氧化碳灭火器或者干粉灭火器进行灭火。②有机物如乙醇、乙醚、丙酮等引起的火灾常用二氧化碳灭火器或干粉灭火器灭火。注意不能用水扑灭，由于大多有机物的密度比水小，如果用水扑火，有机物就会浮在水面上继续燃烧，不仅无法灭火，还会使火焰蔓延，加重火情。③一般固体物品着火时，可用灭火毯覆盖或者用水基灭火器、干粉灭火器灭火。

2. 皮肤烫伤。当使用一些加热设备时，应注意防止加热面板或者瓶内的水蒸气喷出烫伤皮肤。如果皮肤不慎被烫伤，应立即用大量流动的清水冲洗，减轻炎症反应，然后涂上烫伤药膏，并用纱布包扎。如果只是局部皮肤红肿疼痛，可使用冰块冷敷缓解疼痛，再涂烫伤膏，用纱布包扎。如果皮肤被严重烫伤或眼睛受伤应立即送往医院诊治。

3. 中毒。在实验过程中用到的各类化学试剂均存在一定的安全风险，所以在实验前，应该熟悉所用试剂的毒性、使用的注意事项，提高安全意识，避免发生中毒事故。如果发现有人员中毒的情况时，要根据中毒症状采取措施：吸入有毒气体时，立即将中毒者移至通风良好处；皮肤不慎沾染毒物时，先用大量流动的清水冲洗，再用相关试剂洗涤伤处；不慎让有毒试剂进入口中时，应立即漱口，并根据试剂特性采取一定措施，随后迅速送医诊治。因此，必须养成良好的实验习惯，实验台保持干净，避免试剂洒落桌上，如有试剂洒落要及时清理。实验中要做好个人防护，避免皮肤接触有毒试剂，实验结束后一定要清洗双手。

4.腐蚀。学生开展实验时，有时会用到一些腐蚀性试剂，比如浓硫酸、浓盐酸、浓硝酸，以及强碱性的试剂等，使用这类试剂时要注意做好个人防护。如果皮肤不慎受到试剂腐蚀，应立即远离腐蚀的试剂，用流动的清水冲洗受腐蚀的皮肤，再用合适的中和剂冲洗伤处，并进行包扎。如果眼睛受到腐蚀，则用实验室配备的洗眼器冲洗眼部，以稀释和冲走残留的腐蚀性试剂，并及时送医院诊治。

第一部分
基础综合化学实验

实验一
无溶剂快速合成查耳酮及产物的表征

【实验目的】

1. 了解无溶剂绿色有机合成方法及其应用。
2. 掌握羟醛缩合反应的原理。

【实验原理】

查耳酮（chalcone）是一类含有两个芳香环的 α,β-不饱和酮类化合物，以它为母体的化合物广泛分布于天然植物中。它是合成黄酮类化合物的重要中间体，同时也是合成香料和药物的重要原料。研究发现，查耳酮类化合物及其衍生物具有抗氧化、抗肿瘤、抗炎、抗真菌等多种生物活性，目前已广泛用于心血管疾病、癌症、免疫系统疾病等疾病的治疗中。

查耳酮经典的合成方法是克莱森-施密特（Claisen-Schmidt）缩合法，该方法又叫羟醛缩合法，是一种形成碳碳双键并增长碳链的有效方法。它是指在稀碱或者稀酸的作用下，两分子的醛或酮相互作用，其中一个醛（或酮）分子中的 α-H 加到另一个醛（或酮）分子的羰基氧原子上，其余部分加到羰基碳原子上，生成一分子 β-羟基醛或一分子 β-羟基酮。也可采用氢氧化钠、醇钠、强酸等催化苯乙酮及其衍生物与芳香醛发生缩合反应，但是副产物较多，产率在 $10\% \sim 80\%$。

传统的有机反应都是在有机溶剂中进行的,有机溶剂可以较好地溶解反应物,使反应物分子在溶液中均匀分散,稳定地进行能量交换。但同时有机溶剂具有毒性、挥发性、难以回收等缺点又使其成为对环境有害的因素,不仅耗能,还增加了合成成本。无溶剂有机合成法已经成为发展绿色有机合成的有效途径。无溶剂有机合成又称固相有机反应,通常是指低熔点有机物之间的反应,即不加溶剂,让其直接接触反应,达到较高的选择性,同时提高产率,包括固-固反应、固-液反应等。无溶剂有机合成作为绿色有机合成的一种方法,不仅能够提高产率,还能减少使用有机试剂对环境的污染,避免了有机溶剂挥发造成VOCs(挥发性有机化合物)的排放,节约成本,降低能耗,具有绿色化学的特点。无溶剂有机合成已在多个化学和材料科学领域得到了广泛应用,例如无溶剂合成小分子药物的关键中间体、有机金属化合物、高分子材料等。本实验采用无溶剂有机合成法合成查耳酮化合物。

碱催化合成查耳酮的反应式如下:

$$\underset{1}{Ar^1CHO} + \underset{2}{Ar^2COCH_3} \xrightarrow[\text{固相研磨}]{NaOH/K_2CO_3} \underset{3a\sim 3g}{Ar^1CH=CHCOAr^2}$$

【仪器与试剂】

仪器:傅里叶变换红外光谱仪、数字熔点仪、研钵、循环水式真空泵、抽滤装置等。

试剂:对硝基苯甲醛、苯乙酮、氢氧化钠、碳酸钾、95%乙醇等。

【实验步骤】

将3.8g(0.025mol)对硝基苯甲醛、3.0g(0.025mol)苯乙酮和0.1g(0.0025mol)氢氧化钠、1.79g(0.013mol)碳酸钾充分混合后置于研钵中,研磨反应8min,然后加入25mL的蒸馏水,过滤,用水充分洗涤,干燥后用95%的乙醇重结晶,得产物1-苯基-3-(4-硝基)苯基-2-丙烯-1-酮($3d$),计算产率(产率约为98%)。其他结果可参考表1-1。

表 1-1　有机物 3a～3g 的合成结果

有机物	Ar^1	Ar^2	反应时间/min	产率/%	熔点/℃（文献值）
3a	Ph	Ph	10	91	55～57(57)
3b	*p*-MePh	Ph	8	92	93～95(94～95)
3c	*p*-MeOPh	Ph	8	95	74～76(77.5)
3d	*p*-O$_2$NPh	Ph	8	98	159～161(162)
3e	*p*-ClPh	Ph	8	95	112～114(114.5)
3f	*p*-Me$_2$NPh	Ph	8	94	105～107(106)
3g	*m*-BrPh	*m*-BrPh	8	90	79～81(80～81)

分别测定重结晶后产物的熔点，用傅里叶变换红外光谱仪测其红外吸收峰并指出各谱峰的归属。

参考文献

[1] 潘利峰，董乃维，吴立军. 查耳酮类化合物的活性及其合成研究进展[J]. 沈阳药科大学学报，2018，35(6)：509-516.

[2] 张爽，刘新泳. 查耳酮衍生物的结构修饰及生物活性研究进展[J]. 药学进展，2012，36(6)：241-251.

[3] Jantan I, Bukhari S N A, Adekoya O A, et al. Studies of synthetic chalcone derivatives as potential inhibitors of secretory phospholipase A2, cyclooxygenases, lipoxygenase and pro-inflammatory cytokines[J]. Drug Des. Dev. Ther., 2014, 8: 1405-1418.

[4] Lebeau J, Furman C, Bernier J L, et al. Antioxidant properties of di-*tert*-butylhydroxylated flavonoids[J]. Free Radical Bio. Med., 2000, 29(9): 900-912.

[5] Nowakowska Z. A review of anti-infective and anti-inflam-matory chalcones[J]. Eur. J. Med. Chem., 2007, 42(2): 125-137.

[6] Shalaby M A, Rizk S A, Fahim A M. Synthesis, reactions and application of chalcones: a systhematic review[J]. Org. Biomol. Chem., 2023, 21(26): 5317-5346.

实验二
碘盐的制备及 KIO_3 含量的测定（分光光度法）

【实验目的】
1. 练习化学实验中的有关基础操作技能。
2. 了解食盐的提纯和加碘的方法。
3. 学习分光光度法测定碘盐中 KIO_3 含量的原理与方法。

【实验原理】
粗盐中含有较多杂质，难以食用，可采用重结晶的方法得到较纯净的食盐。方法要点是：将食盐溶于水，过滤除去不溶性杂质，然后加热蒸发浓缩成过饱和溶液，冷却后析出食盐。可溶性杂质由于总量少，未达饱和而留在母液中，经过滤分离得较纯净的食盐。食盐加碘剂为 KIO_3，KIO_3 为无水结晶体，较稳定。必须将碘加到食盐固体中，不能在精制食盐的浓溶液中加碘。

碘含量的测定：根据 KIO_3 在酸性条件下能定量氧化 KI，

$$IO_3^- + 5I^- + 6H^+ = 3I_2 + 3H_2O$$

反应生成的 I_2 与淀粉作用形成蓝色的配合物，此配合物对 595nm 波长的单色光具有最大吸收，通过测定其对 595nm 波长光的吸光度 A，可求得碘盐中碘的含量。

【仪器与试剂】
仪器：722 型可见分光光度计、容量瓶（25mL）、吸量管（2mL、5mL）、电子台秤、酒精灯、电炉、烧杯（100mL）、循环水式真空泵、抽滤装置、蒸发皿、坩埚、点滴板、量筒等。

试剂：粗盐、$1mol \cdot L^{-1}$ $BaCl_2$、$1mol \cdot L^{-1}$ NaOH、$1mol \cdot L^{-1}$ Na_2CO_3、$2mol \cdot L^{-1}$ HCl、$2mol \cdot L^{-1}$ CH_3COOH、$2mol \cdot L^{-1}$ $H_2C_2O_4$、无水乙醇、含

碘 200mg·L^{-1} 的 KIO$_3$ 溶液（称取分析纯 KIO$_3$ 0.0338g，配制成 100mL 溶液）、检测液（1％淀粉溶液 400mL，85％ H$_3$PO$_4$ 溶液 4mL，KSCN 固体 7g，混合搅拌至溶解）、10mg·L^{-1} KIO$_3$ 工作液、0.1mol·L^{-1} H$_2$SO$_4$ 溶液、碘盐、KI-淀粉溶液等。

KI-淀粉溶液的配制：将 2.5g 可溶性淀粉加水溶解后倾入 500mL 沸水中，煮至清亮，加入 2.5g KI，溶解后用 0.2mol·L^{-1} NaOH（约 2mL）调至 pH 达 8~9。此液可在 25℃下稳定保存两周。

KIO$_3$ 工作液的配制：将 0.50g KIO$_3$ 溶于水中，配成 1L 溶液，取 1.00mL 稀释成 50mL 溶液，此时 KIO$_3$ 工作液的浓度为 10mg·L^{-1}。

【实验步骤】

1. 称取 10.0g 研细的粗盐置于 100mL 烧杯中，加水 50mL，在酒精灯（或电炉）上加热搅拌使其溶解，依次缓慢滴加 BaCl$_2$、NaOH、Na$_2$CO$_3$ 溶液，将每种沉淀剂加入后，继续加热 5min，使颗粒长大易于沉淀和过滤。然后取下烧杯，待沉淀沉降后，沿烧杯壁向上清液中滴加 1~2 滴沉淀剂，要仔细观察是否沉淀完全，如果不出现混浊，说明相对应的杂质离子已沉淀完全。再用相同的方法加入下一种沉淀剂至沉淀完全。最后趁热过滤，除去不溶性的杂质和沉淀。将滤液收集到洁净的蒸发皿中，用 2mol·L^{-1} HCl 调节溶液 pH 值为中性。

2. 加热蒸发滤液并搅拌，当滤液体积浓缩至原体积的一半以下时，取下稍冷，减压过滤。将滤液倒回原烧杯，精盐转移到干净蒸发皿中，在酒精灯（或电炉）上将精盐加热至干燥，称量计算产率。

3. 食盐加碘

取一干净坩埚放在酒精灯上烘干，把 5g 自制精盐放入坩埚中，并逐滴加入 1mL 含碘为 200mg·L^{-1} 的标准 KIO$_3$ 溶液。搅拌均匀后，加入 3mL 无水乙醇（分析纯）。将坩埚放在石棉网上，点燃酒精，燃尽后，冷却，即得碘盐（或在 100℃下烘干 1h）。计算自制碘盐中碘的含量（mg/kg）。

4. 影响加碘盐稳定性的因素

取两支试管，各加入 1g 加碘盐。往第一支试管中加入 2mol·L^{-1} CH$_3$COOH 溶液 1 滴，第二支试管中加入 2mol·L^{-1} CH$_3$COOH 溶液 1 滴和

2mol·L^{-1} H$_2$C$_2$O$_4$ 溶液 1 滴,将两支试管用酒精灯加热至干。取出试样,放于多孔点滴板孔中,用玻璃棒压实。另取碘盐 1g,也放于多孔点滴板孔中,压实作对照用。向试样及对照样中各加入 2 滴检验液,比较其颜色,说明碘含量的变化。

5. KIO$_3$ 标准溶液的配制

先打开可见分光光度计进行预热,再准确吸取 0.50mL、1.00mL、1.50mL、2.00mL、2.50mL 的 10mg·L^{-1} KIO$_3$ 工作液,分别移入 25mL 容量瓶中,然后各加入 15mL 0.1mol·L^{-1} H$_2$SO$_4$ 溶液,摇匀,再各加入 1mL KI-淀粉溶液,显色后静置 2min,之后稀释至 25mL。以水为参比,用 1cm 比色皿在 595nm 波长处测定各标准溶液的吸光度 A。以 KIO$_3$ 的浓度与吸光度 (A) 绘制标准曲线,用 Excel 或 Origin 软件进行线性拟合,得到回归方程及相关系数 R^2。

6. 自制碘盐中 KIO$_3$ 含量的测定

准确称取 1.0g 自制碘盐(记为 m_x),加水溶解后转移到 25mL 容量瓶中,加入 15mL 0.1mol·L^{-1} H$_2$SO$_4$ 溶液、KI-淀粉溶液,显色后静置 2min 并稀释至 50mL,测定吸光度 A_x;将测定的 A_x 代入线性回归方程,计算出 KIO$_3$ 浓度 c_x,进而计算出自制碘盐中 KIO$_3$ 的含量 w(KIO$_3$)(注意试液、标液应在同条件下同时显色,同时测定)。

【结果表示】

$$w(\text{KIO}_3) = \frac{c_x V}{m_x} \times 100\%$$

【思考题】

1. 重结晶时,为什么溶液不能全部蒸干?
2. 抽滤时应注意哪些事项?
3. 炒菜时,加碘盐最好在什么时候加入?
4. 显色时要求 KI 过量,为什么?
5. 写出测定盐中碘含量的反应方程式,该测定能在碱性条件下进行吗?为什么?
6. 用浓稠的淀粉液进行显色时,对结果有无影响?

实验三
饮料中柠檬酸及维生素 C 含量的测定

【实验目的】

1. 掌握 NaOH 标准溶液、碘标准溶液的配制和标定方法。
2. 熟悉并掌握维生素 C 和柠檬酸含量的测定方法。

【实验原理】

市售各种品牌的果汁饮品的绝大多数中均含有柠檬酸和维生素 C 两种成分。本实验分别采用酸碱滴定法和氧化还原滴定法测定某种市售饮料中柠檬酸和维生素 C 的含量，通过本实验引导学生关注食品标识及其质量、营养与健康等问题，选择相对更加健康合格的饮料，培养自我保护的消费意识。

柠檬酸是食品行业中的酸味剂、防腐剂，用于各种饮料、葡萄酒、糖果、点心、饼干、罐头等食品的制造中，能使其口感爽快柔和，增进食欲、促进消化。

柠檬酸又名枸橼酸，无色结晶或白色晶状粉末，易溶于水和乙醇，微溶于乙醚，在潮湿空气中易潮解，其结构简式如图 3-1 所示。

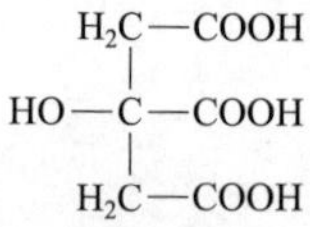

$$\begin{array}{c} H_2C-COOH \\ | \\ HO-C-COOH \\ | \\ H_2C-COOH \end{array}$$

图 3-1 柠檬酸的结构简式

柠檬酸是一种重要的有机弱酸，在水溶液中有 3 个质子可以解离，可用标准 NaOH 溶液滴定。滴定试液中的柠檬酸时，以酚酞为指示剂，当滴定至溶液呈浅红色，且 30s 不褪色即为终点。根据消耗的标准 NaOH 溶液的体积，可算出试样中柠檬酸的总酸度。反应式见图 3-2。

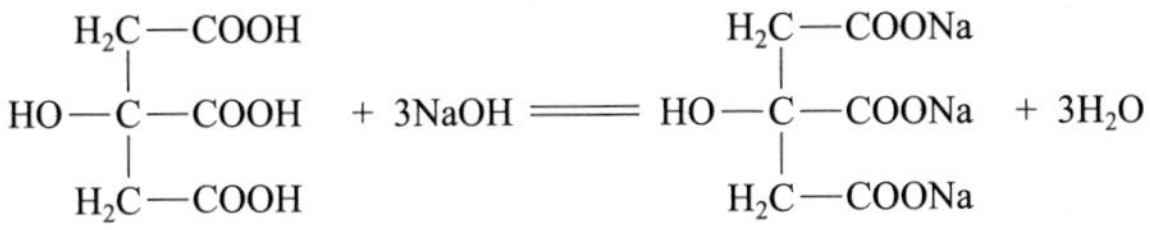

$$\begin{array}{c}H_2C-COOH\\HO-C-COOH\\H_2C-COOH\end{array} + 3NaOH =\!=\!= \begin{array}{c}H_2C-COONa\\HO-C-COONa\\H_2C-COONa\end{array} + 3H_2O$$

图 3-2 柠檬酸与 NaOH 的反应式

维生素 C 广泛存在于新鲜水果和蔬菜中，在柠檬、橙子、柑橘中的含量比较高，人体自身不能合成，必须从食物中获取，适量饮用富含维生素 C 的饮料可以补充人体所需维生素 C。但是维生素 C 不耐高温，所以富含维生素 C 的一些食物是不能够长时间进行高温烹饪的。维生素 C 不但有治疗坏血病的作用，还具有还原性，它能够使铁离子处于二价状态，而人体肠道最容易吸收二价铁离子，因此对于缺铁性贫血的患者，在补充铁剂的同时一定要补充维生素 C，这样才能够更好地纠正治疗缺铁性贫血。维生素 C 能够增强人体的免疫力，具有抗肿瘤的作用。

维生素 C 又名 L-抗坏血酸，为无色晶体，熔点为 190～192℃，易溶于水，水溶液呈酸性，其结构式如图 3-3 所示。

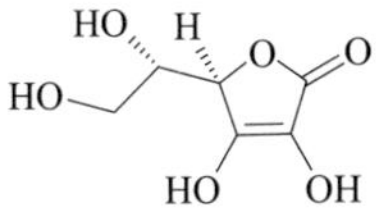

图 3-3 维生素 C 的结构式

维生素 C 分子结构中的烯二醇结构具有还原性，能被 I_2 定量氧化成二酮。因而，可用 I_2 标准溶液进行直接测定。其滴定反应式如下：

$$C_6H_8O_6 + I_2 =\!=\!= C_6H_6O_6 + 2HI$$

滴定时用淀粉溶液作指示剂，当滴定到溶液出现蓝色时，即为终点。

由于维生素 C 的还原性很强，即使在弱酸性条件下，上述反应也进行得相当完全。维生素 C 在空气中易被氧化，尤其在碱性介质中反应强烈，故该滴定反应在稀 CH_3COOH 中进行，以减少维生素 C 的副反应。

I_2 标准溶液采用间接配制法获得，用 $Na_2S_2O_3$ 标准溶液标定，反应方程式如下：

$$2S_2O_3^{2-} + I_2 =\!=\!= S_4O_6^{2-} + 2I^-$$

【仪器与试剂】

仪器：电子天平、聚四氟乙烯滴定管（50mL）、容量瓶（1L）、烧杯（250mL）、锥形瓶（250mL）、吸量管（10mL、20mL）、洗耳球等。

试剂：市售饮料（选择颜色较浅的饮品）、邻苯二甲酸氢钾（$KHC_8H_4O_4$）、氢氧化钠（NaOH）、酚酞指示剂（0.1%）、碘单质、碘化钾（KI）、硫代硫酸钠（$Na_2S_2O_3$）、重铬酸钾（$K_2Cr_2O_7$）、0.5%淀粉指示剂等。

【实验步骤】

1. 饮料样品的准备

准确吸取果汁饮料100mL，转移至250mL烧杯中，加热煮沸10min以除去溶解的CO_2；自然冷却至室温后，转移至100mL容量瓶中，用蒸馏水定容，待用。

2. 样品中柠檬酸含量的测定

（1）$0.1\text{mol}\cdot\text{L}^{-1}$ NaOH标准溶液的配制和标定

$0.1\text{mol}\cdot\text{L}^{-1}$ NaOH标准溶液的配制：由于NaOH具有强吸湿性，且容易吸收空气中的CO_2，所以不能直接准确称量NaOH，而是采用间接法配制NaOH溶液。在洁净干燥的小烧杯中，粗称稍多于4.0g的NaOH固体，加入50mL新鲜煮沸并冷却的水搅拌使其溶解。溶解过程中会放热，待溶液冷却至室温后，将溶液转移至1L的容量瓶中。用少量水多次洗涤烧杯和玻璃棒，将洗涤液也转移至容量瓶中，定容摇匀，得到近似$0.1\text{mol}\cdot\text{L}^{-1}$的NaOH溶液。

$0.1\text{mol}\cdot\text{L}^{-1}$ NaOH标准溶液的标定：在电子天平上以差减法准确称量经110℃干燥并恒重的邻苯二甲酸氢钾0.40g，分别置于250mL锥形瓶中，加入50mL水，溶解后滴入2~3滴酚酞指示剂，用待标定的NaOH溶液滴定至溶液由无色变为浅粉色，并保持30s不褪色，即为终点。平行标定3份，计算NaOH溶液的准确浓度。使用时，将NaOH溶液稀释10倍。

（2）柠檬酸含量的测定

准确移取制备的样品溶液10.00mL于250mL锥形瓶中，加纯水至50mL，滴入2滴酚酞指示剂，用$0.01\text{mol}\cdot\text{L}^{-1}$ NaOH标准溶液滴定至浅粉色，并保持30s不褪色，即为终点。平行测定3份，根据NaOH标准溶液消耗的体积计算柠檬酸的含量。

3.样品中维生素C含量的测定

(1) 0.1mol·L^{-1} Na$_2$S$_2$O$_3$溶液的配制与标定

0.1mol·L^{-1} Na$_2$S$_2$O$_3$溶液的配制：称取26g Na$_2$S$_2$O$_3$·5H$_2$O 或16g Na$_2$S$_2$O$_3$于棕色试剂瓶中，加入少量新煮沸并冷却的水中，待溶解完全后，加入0.2g无水碳酸钠，再用新煮沸并冷却的水定容至1L，摇匀后置于暗处放置7天后，再标定。

0.1mol·L^{-1} Na$_2$S$_2$O$_3$溶液的标定：准确称取0.15g在120℃干燥至恒重的基准K$_2$Cr$_2$O$_7$，置于碘量瓶中，加入50mL水使之溶解。加入1g KI和15mL 2mol·L^{-1} HCl溶液，充分摇匀后盖上表面皿，放在暗处5min（K$_2$Cr$_2$O$_7$先与KI反应析出I$_2$），然后用50mL水稀释。用Na$_2$S$_2$O$_3$溶液滴定至呈浅黄绿色，然后加入0.5%淀粉溶液5mL，继续滴定至蓝色消失（Na$_2$S$_2$O$_3$与I$_2$恰好反应完全）而显Cr^{3+}的绿色即为终点。根据K$_2$Cr$_2$O$_7$的浓度及消耗的Na$_2$S$_2$O$_3$溶液的体积，计算Na$_2$S$_2$O$_3$的准确浓度。

(2) 0.05mol·L^{-1} I$_2$标准溶液的配制与标定

0.05mol·L^{-1} I$_2$标准溶液的配制：称取6.5g I$_2$于小烧杯中，另称取17g KI，量取500mL的水备用。将KI分4～5次加入盛有I$_2$的烧杯中，每次加水5～10mL，用玻璃棒轻轻搅拌，使I$_2$充分溶解，将溶液倒入具塞棕色瓶中，如此反复至碘全部溶解为止。用剩余的水冲洗烧杯再转移至棕色瓶中，摇匀备用，此时溶液浓度约为0.05mol·L^{-1}。根据饮料中所含维生素C的多少进行稀释使用。

0.05mol·L^{-1} I$_2$标准溶液的标定：用吸量管吸取已知浓度的Na$_2$S$_2$O$_3$标准溶液25mL于碘量瓶中，加水150mL，加3mL淀粉溶液，以I$_2$标准溶液滴定至溶液呈蓝色为终点，记录消耗的I$_2$标准溶液的体积，根据二者反应的计量比，计算I$_2$标准溶液的浓度。

(3) 维生素C含量的测定

取20.00mL果汁饮料置于250mL锥形瓶中，加入100mL新煮沸过的冷蒸馏水，加入10mL 2mol·L^{-1} CH$_3$COOH溶液和2mL淀粉指示剂，立即用I$_2$标准溶液滴定至出现稳定的蓝色且30s内不褪色，即为终点。平行测定3份。

【注意事项】

1.测定饮料中的柠檬酸含量时,要将样品煮沸以除去溶解的 CO_2 气体,稀释样品用的蒸馏水也应不含 CO_2,否则会影响测定结果的准确性。可将蒸馏水在使用前煮沸 15min,并迅速冷却备用。

2.因为饮料中含柠檬酸量很少,所以 NaOH 标准溶液的浓度约为 $0.01\text{mol}\cdot L^{-1}$。

3.维生素 C 分子中的烯二醇基团与 I_2 的氧化反应,在碱性或酸性条件下均可进行。在酸性介质中,维生素 C 表现稳定,且无副反应,所以反应在稀酸环境中进行更好。但是,溶液 pH 不能太低。如果 pH 过低,溶液中一些强还原性物质能与维生素 C 作用;pH 太高,空气中的氧气能与维生素 C 发生氧化还原反应,这些都使测定结果偏低,并且精密度不高。实验表明,pH 控制在 3~5 为宜。

4.维生素 C 不稳定,易被空气中的氧气所氧化,因此,在测定果汁中的维生素 C 含量时,应尽量缩短样品处理时间。获得检测液后,立即进行分析测试,不要放置过久,以便减少维生素 C 的氧化损失,保证测定结果的稳定性,避免测定结果偏低。

【数据记录与处理】

1.$0.1\text{mol}\cdot L^{-1}$ $Na_2S_2O_3$ 溶液的标定以及 $0.05\text{mol}\cdot L^{-1}$ I_2 标准溶液的标定。

2.$0.01\text{mol}\cdot L^{-1}$ NaOH 标准溶液的标定及饮料中柠檬酸含量的测定。

3.饮料中维生素 C 含量的测定。

【思考题】

1.溶解 I_2 时,加入过量 KI 的作用是什么?

2.测定维生素 C 含量时,为什么要加入新煮沸并冷却的蒸馏水?为什么要在 CH_3COOH 介质中进行?

3.标定 $Na_2S_2O_3$ 溶液的方法是什么?请写出具体的化学方程式。

4.将实验所得出的结论与样品标识进行比较。

实验四
双波长分光光度法同时测定药物中的维生素 C 和维生素 E

【实验目的】
1. 掌握紫外-可见分光光度计的使用方法。
2. 学习在紫外光区同时测定维生素 C 和维生素 E 的方法。

【实验原理】
维生素 C 和维生素 E 在紫外光区具有不同的最大吸收波长。维生素 C 是水溶性的,维生素 E 是脂溶性的,但它们都能溶于无水乙醇,因此可在同一溶液中利用双组分测定原理同时测定。

朗伯-比尔定律应用于双组分体系,可得到下列联立方程式:

$$A_{\lambda 1 总}=k_{\lambda 1C}c_C+k_{\lambda 1E}c_E$$
$$A_{\lambda 2 总}=k_{\lambda 2C}c_C+k_{\lambda 2E}c_E$$

上、下两方程式分别为波长 λ_1、波长 λ_2 下总吸光强度 $A_{\lambda 1 总}$、$A_{\lambda 2 总}$ 与维生素 C 浓度 (c_C) 及维生素 E 浓度 (c_E) 的关系式,解上述方程即可求出 c_C 和 c_E。本实验的关键是准确获取维生素 C 和维生素 E 的紫外吸收光谱,确定最大吸收波长 λ_1 和 λ_2。

【仪器与试剂】
仪器:紫外-可见分光光度计、比色管(10mL)8 个、石英比色皿(1cm)2 个、容量瓶(25mL)9 个、容量瓶(10mL)2 个、吸量管(10mL)2 支、移液管(1mL)1 支等。

试剂:维生素 C 贮备液(3.00×10^{-4} mol·L^{-1}),即称取 0.0132g 维生素 C,溶于无水乙醇中,并用无水乙醇定容于 250mL 容量瓶中;维生素 E 贮备液（$4.52×10^{-4}$ mol·L^{-1}），即称取0.0488g维生素E溶于无水乙醇中，并用无水乙醇定容于250mL容量瓶中；95%乙醇；无水乙醇等。

【实验步骤】

1. 配制标准溶液

（1）分别量取维生素C贮备液4.00mL、6.00mL、8.00mL、10.00mL于4个10mL比色管内，用95%乙醇稀释至刻度，摇匀。

（2）分别取维生素E贮备液4.00mL、6.00mL、8.00mL、10.00mL于4个10mL比色管中，用95%乙醇稀释至刻度，摇匀。

2. 扫描吸收光谱

以95%乙醇为参比，取步骤1中配制的浓度为$1.80×10^{-4}$ mol·L^{-1}的维生素C和$2.71×10^{-4}$ mol·L^{-1}维生素E标准溶液，在200~320nm范围内扫描出维生素C和维生素E的吸收光谱，并确定λ_1和λ_2，打印谱图。

3. 建立工作曲线

以95%乙醇为参比，在波长λ_1和λ_2处分别测定步骤1配制的8个标准溶液的吸光度。分别建立4条工作曲线。

4. 药物中维生素C和维生素E的测定

准确称取0.0150~0.0200g含有维生素C和维生素E的药物，将其溶于无水乙醇中，并用无水乙醇定容于25mL容量瓶中。

用1mL移液管吸取上述溶液于10mL容量瓶中，用无水乙醇稀释至刻度，摇匀。在波长λ_1和λ_2处分别测定其吸光度。

【数据记录与处理】

1. 打印维生素C和维生素E的吸收光谱图，确定λ_1和λ_2。

2. 分别建立维生素C和维生素E在λ_1和λ_2时吸光度的4条工作曲线，求出4条直线的斜率，即$k_{\lambda_1 C}$、$k_{\lambda_2 C}$、$k_{\lambda_1 E}$、$k_{\lambda_2 E}$。

3. 分别计算药物中维生素C和维生素E的浓度。

【注意事项】

1. 维生素C会缓慢氧化成脱氢抗坏血酸，所以必须每次实验时都要配制新鲜的溶液。

2. 使用紫外-可见分光光度计时，必须熟练掌握仪器的操作规程，以免使用不当造成仪器性能下降，甚至损坏仪器。

【思考题】

1. 写出维生素 C 和维生素 E 的结构式，并解释为何二者分别是水溶性和脂溶性的物质。

2. 使用本方法测定维生素 C 和维生素 E 的浓度是否灵敏？解释其原因。

实验五
循环伏安法测定配合物的稳定性

【实验目的】

1. 学习循环伏安法的基本原理及操作技术。
2. 了解配合物的形成对金属离子氧化还原电位的影响。

【实验原理】

循环伏安法（cyclic voltammetry，CV）是十分有用的近代电化学测量技术，它通过在电极上应用不同的电势来研究电极表面的化学反应。这种技术特别适用于研究氧化还原反应，以及在不同电势下电极表面的其他反应行为。循环伏安法是通过在电极上施加一个三角波电势扫描，使得电极经历一个还原-氧化循环。在这个过程中，电极上电流与电势的关系被记录下来，形成一个电流-电势曲线，也称为循环伏安曲线。在研究配合物稳定性时，循环伏安法可用于研究金属离子与配体形成的配合物对电位的影响。通过比较不同金属离子或同一金属离子与不同配体形成的配合物的峰电位，可以推断出它们的稳定性。这种方法不仅有助于了解配合物的形成对金属离子氧化还原电位的影响，还可以研究电极反应的可逆性。

如图 5-1 所示，在工作电极，如铂电极上，加上对称的三角波扫描电势，即从起始电势 $E_{始}$ 扫描到终止电势 $E_{终}$ 后，再回扫至起始电势，记录得到相应的电流-电势（i-E）曲线。在三角波扫描的前半部记录峰形的阴极波，后半部则记录峰形的阳极波。一次三角波电势扫描，电极上完成一个还原-氧化循环。从循环伏安图的波形及其峰电势（E_{pc} 和 E_{pa}）和峰电流（I_{pc} 和 I_{pa}）可以判断电极反应的机理。

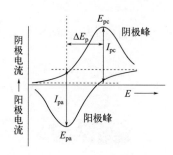

图 5-1　循环伏安曲线

对于一个符合能斯特过程的可逆电极反应，在 25℃ 时，其循环伏安图有如下特征。

1. 电势响应的性质

可逆电对的形式还原电势（formal reduction potential）$E^{\theta'}$ 是阳极峰电势（E_{pa}）与阴极峰电势（E_{pc}）的中间值，即 $E^{\theta'}=1/2(E_{pa}+E_{pc})$。阳极峰电势与阴极峰电势之差 $\Delta E=E_{pa}-E_{pc}=(57\sim63)/n(\mathrm{mV})$。

因此，对可逆电对来说，电极反应中转移的电子数 n，可以依据两个峰电势间的差值进行估算。在电极表面的慢电子转移及不可逆性，都会引起峰间距 ΔE_p 的增加。

峰电势值 E_p 在一定的扫描速度范围内与扫描速度无关。

2. 电流响应的性质

峰电流用 I_p 表示，与配合物的浓度成正比，对可逆电对，$I_{pa}/I_{pc}=1$，但是，峰电流比值明显地受与电极过程偶联的化学反应的影响。

循环伏安法是一种十分有用的近代电化学测量技术，能够迅速地观察到所研究体系在广泛电势范围内的氧化还原行为。通过对循环伏安图的分析，可以判断电极反应产物的稳定性。同时它不仅可以发现中间状态产物并加以鉴定，而且可以知道中间状态产物是在什么电势范围及其稳定性如何。此外，还可以研究电极反应的可逆性。因此，循环伏安法已广泛应用在电化学、无机化学、有机化学和生物化学的研究中。

一般在测定时，由于溶液中被测样品浓度通常都非常低，为维持一定的电流，常在溶液中加入一定浓度的惰性电解质，如 KNO_3、$NaClO_4$ 等。

本实验是用循环伏安仪测定 Fe(Ⅲ) 与几种配体形成配合物的峰电位，来比较配位作用对金属离子形成电位的影响；同时还测定 Fe(Ⅲ) 和 Co(Ⅱ) 与同种配体形成配合物的峰电位，比较配位作用对两种不同金属离子形成电位的影响。

金属离子的标准还原电位在配位时由于不同电荷金属离子自由能的不同变化而发生改变。下列方程表示金属离子在不同氧化态 M^{n+}、$M^{(m-n)+}$ 时与中性配体 L 反应时自由能的变化。

$$M^{m+} + ne^- \longrightarrow M^{(m-n)+} \qquad \Delta G_1^\theta = -nFE_{aq} \qquad (5\text{-}1)$$

$$M^{m+} + pL \longrightarrow ML_p^{m+} \qquad \Delta G_2^\theta = -RT\ln K_m \qquad (5\text{-}2)$$

$$M^{(m-n)+} + qL \longrightarrow ML_q^{(m-n)+} \qquad \Delta G_3^\theta = -RT\ln K_{m-n} \qquad (5\text{-}3)$$

式中，K_m、K_{m-n} 分别是 ML_p^{m+}、$ML_q^{(m-n)+}$ 的形成常数。

$$K_m = [ML_p^{m+}]/\{[M^{m+}][L]^p\}$$

$$K_{m-n} = [ML_q^{(m-n)+}]/\{[M^{(m-n)+}][L]^q\}$$

把式 (5-3) 加式 (5-1) 再减式 (5-2) 得：

$$ML_p^{m+} + ne^- \longrightarrow ML_q^{(m-n)+} + (p-q)L$$

$$\Delta G_4^\theta = -nFE_{aq}^\theta + RT\ln(K_m/K_{m-n}) \qquad (5\text{-}4)$$

则：

$$\Delta G_4^\theta / -nF = E_{ML_p}^\theta = E_{aq}^\theta - (RT/nF)\ln(K_m/K_{m-n}) \qquad (5\text{-}5)$$

式 (5-5) 表明形成配合物时配离子的标准还原电位 $E_{ML_p}^\theta$ 决定于 $\ln(K_m/K_{m-n})$ 值。实验中测得的是形式电位，它包含了标准电位介质中其他组分的贡献。根据循环伏安理论，峰电位 E_p（对于可逆体系）与形式电位 E^θ 的关系为：

$$E_p = E^\theta - \frac{RT}{nF}\ln\left[\frac{D_0}{D_r}\right]^{\frac{1}{2}} - 1.109\frac{RT}{nF} \qquad (5\text{-}6)$$

式中，D_0、D_r 分别为 M^{m+} 和 $M^{(m-n)+}$ 的扩散系数。当配体 L 的浓度足

够大能形成 $ML_p{}^{m+}$ 和 $ML_q{}^{(m-n)+}$ 配离子时，则配离子的峰电位 E_{pML_p} 为：

$$E_{pML_p} = E_{ML_p}^{\theta} - \frac{RT}{nF}(p-q)\ln c_L - \frac{RT}{nF}\ln\frac{D_0'}{D_r'} - 1.109\left[\frac{RT}{nF}\right] \quad (5-7)$$

式中，D_0'、D_r' 分别是配离子 $ML_p{}^{m+}$、$ML_q{}^{(m-n)+}$ 的扩散系数；c_L 是溶液中配体 L 的浓度。若 $D_0/D_r = D_{0'}/D_{r'}$、$p=q$，则可得

$$E_{pML_p} - E_p = E_{ML_p}^{\theta} - E_{aq}^{\theta} = \ln\left[\frac{K'_{m-n}}{K'_m}\right] \quad (5-8)$$

式中，K'_{m-n}、K'_m 是条件形成常数。式（5-8）表示，可以由 M^{m+} 在有配体 L 存在和没有配体 L 存在时峰电位 E_p 之间的差值求得条件生成常数的比值，若已知其中一个条件生成常数，则可求得另一条件生成常数。

【仪器与试剂】

仪器：M283 恒电位恒电流仪 1 台、磁力搅拌器 1 台、氮气钢瓶、量筒（100mL）1 个、容量瓶（50mL）4 个、烧杯（250mL）1 个、刻度移液管（2mL）1 支、烧杯（50mL）4 个等。

试剂：硫酸铁铵、硝酸铁、硝酸钴、过氯酸钠、硝酸、邻菲罗啉、乙二胺四乙酸二钠盐（EDTA）等。

【实验步骤】

1. 溶液的配制

（1）硫酸铁铵溶液

称取一定量硫酸铁铵和过氯酸钠，溶解于 30mL 水中，之后将溶液转移到 50mL 容量瓶中，稀释到刻度，使硫酸铁铵的浓度为 5×10^{-3} mol·L^{-1}，过氯酸钠的浓度为 0.1mol·L^{-1}。

（2）硫酸铁铵-EDTA 溶液

称取一定量硫酸铁铵和乙二胺四乙酸二钠盐，溶解于约 30mL 水中，之后将溶液转移到 50mL 容量瓶中，稀释到刻度，使硫酸铁铵的浓度为 5×10^{-3} mol·L^{-1}，EDTA 的浓度为 0.1mol·L^{-1}。

（3）硝酸铁-邻菲罗啉溶液

称取一定量邻菲罗啉溶解于约 40mL 水中，再加入一定量的硝酸铁和硝

酸，之后将溶液转移到 50mL 容量瓶中，稀释到刻度，使硝酸铁的浓度为 $5\times10^{-3}\mathrm{mol\cdot L^{-1}}$，邻菲罗啉的浓度为 $0.1\mathrm{mol\cdot L^{-1}}$。硝酸的浓度为 $0.1\mathrm{mol\cdot L^{-1}}$。

（4）硝酸钴-邻菲罗啉溶液

配制方法同（3），使硝酸钴的浓度为 $5\times10^{-3}\mathrm{mol\cdot L^{-1}}$，邻菲罗啉的浓度为 $0.1\mathrm{mol\cdot L^{-1}}$。硝酸的浓度为 $0.1\mathrm{mol\cdot L^{-1}}$。

2.循环伏安图的测定

以铂片为工作电极，饱和甘汞电极为参比电极，铂丝电极为辅助电极，用 M283 恒电位恒电流仪测定上述四种溶液的循环伏安图。测定前溶液通 N_2 驱氧。

【实验结果和讨论】

1.从测得的循环伏安图上求出 Fe(Ⅲ) 和 Co(Ⅱ) 在不同配位体存在时的还原电位 $E_{\mathrm{pML}p}$。

2.计算金属离子在配位体 L 存在和无配位体 L 时的还原电位的差值 ΔE。

3.根据金属离子还原电位的差值 ΔE，比较 Fe(Ⅲ)、Fe(Ⅱ)、Co(Ⅲ)、Co(Ⅱ) 与配位 EDTA 和邻菲罗啉所形成配合物的稳定性。

【思考题】

1.依据金属离子的电子组态和配位场理论，说明邻菲罗啉与 Fe(Ⅲ) 还是 Fe(Ⅱ) 能形成更稳定的配合物。

2.怎样利用循环伏安法来计算配合物的条件形成常数？

实验六
过氧化钙的合成及含量分析

【实验目的】

1.学会在温和条件下制备 CaO_2 的原理和方法。

2. 认识 CaO_2 的性质和应用。
3. 学会测定 CaO_2 含量的化学分析方法。
4. 巩固无机制备及化学分析的基本操作。

【实验原理】

在元素周期表中，ⅠA 主族和ⅡA 主族的元素以及 Ag 与 Zn 等元素均可形成化学稳定性各异的简单过氧化物。过氧化物作为氧化剂，对生态环境友好，在生产过程中一般不排放污染物，实现污染物的"零排放"。

$CaO_2 \cdot 8H_2O$ 是白色或微黄色粉末，无臭无味，在潮湿空气或水中可长期缓慢释放出氧气。在 50℃时 $CaO_2 \cdot 8H_2O$ 失去部分结晶水转化为 $CaO_2 \cdot 2H_2O$，110~150℃时可以脱水为 CaO_2。CaO_2 在室温下较为稳定，加热到 270℃时，CaO_2 分解为 CaO 和 O_2。

$$2CaO_2 = 2CaO + O_2 \quad \Delta_r H_m^{\ominus} = 22.70 \text{kJ} \cdot \text{mol}^{-1}$$

CaO_2 难溶于水，不溶于乙醇和丙酮，它与稀酸反应生成 H_2O_2，若放入微量 KI 作催化剂，可作应急氧气源。CaO_2 广泛用作杀菌剂、防腐剂、解酸剂和油类漂白剂。CaO_2 也是种子及谷物的消毒剂，例如将 CaO_2 用于稻谷种子拌种，不易发生秧苗烂根。CaO_2 还是口香糖、牙膏、化妆品的添加剂。若在面包烤制中添加一定量的 CaO_2，能增加面团的吸水性等，增加面包的可塑性。用聚乙烯醇等微溶于水的聚合物包裹 CaO_2 微粒，可以制成寿命长、活性大的氧化剂。据有关资料报道，CaO_2 可代替活性污泥处理城市污水，降低化学需氧量（COD）和生化需氧量（BOD）。

制备 CaO_2 的原料可以是 $CaCl_2 \cdot 6H_2O$、H_2O_2 及 $NH_3 \cdot H_2O$，也可以是 $Ca(OH)_2$、H_2O_2 及 NH_4Cl。在较低温度下，通过原料间的化学反应，在水溶液中生成 $CaO_2 \cdot 8H_2O$；将 $CaO_2 \cdot 8H_2O$ 在 110℃条件下进行真空干燥，得到白色或淡黄色粉末固体 CaO_2。产品要放在封闭容器中置于低温干燥处保存。在反应过程中加入微量 $Ca_3(PO_4)_2$ 及少量乙醇，可以增加 CaO_2 的化学稳定性，有利于提高产率。有关化学反应如下。

制备方法一：

$$CaCl_2 + 2NH_3 \cdot H_2O = 2NH_4Cl + Ca(OH)_2$$

$$Ca(OH)_2 + H_2O_2 + 6H_2O = CaO_2 \cdot 8H_2O$$

将上面两式合并得：$CaCl_2 + 6H_2O + H_2O_2 + 2NH_3 \cdot H_2O \longrightarrow CaO_2 \cdot 8H_2O + 2NH_4Cl$

分离出 $CaO_2 \cdot 8H_2O$ 的母液可以循环使用。

制备方法二：

氢氧化钙在铵盐溶液中生成配合物，氨配合物会解离：

$$Ca(OH)_2 + 2NH_4Cl = Ca(NH_3)_2Cl_2 \cdot 2H_2O = CaCl_2 + 2NH_3 \cdot H_2O$$

游离的 Ca^{2+} 与 H_2O_2 发生化学反应，生成难溶于水的过氧化钙：

$$Ca^{2+} + 2OH^- + 2H_2O_2 = CaO_2 + 2H_2O$$

副反应：$H_2O_2 = H_2O + [O]$

过氧化钙的含量测定：可以利用在酸性条件下，过氧化钙与稀酸反应生成过氧化氢，用标准 $KMnO_4$ 溶液滴定来确定其含量。为加快反应，可加入微量 $MnSO_4$。

$$5CaO_2 + 2MnO_4^- + 16H^+ = 5Ca^{2+} + 2Mn^{2+} + 5O_2\uparrow + 8H_2O$$

CaO_2 的质量分数为：

$$w(CaO_2) = \frac{5/2 c(KMnO_4) \cdot V(KMnO_4) \cdot M(CaO_2)}{m(产品 CaO_2)} \times 100\%$$

式中，$c(KMnO_4)$ 为 $KMnO_4$ 标准溶液的浓度，$mol \cdot L^{-1}$；$V(KMnO_4)$ 为滴定时消耗 $KMnO_4$ 标准溶液的体积，L；$M(CaO_2)$ 为 CaO_2 的摩尔质量，$72.08g \cdot mol^{-1}$；m（产品 CaO_2）为自制 CaO_2 的精确质量，g。

【仪器与试剂】

仪器：磁力搅拌器（带磁转子）、冰柜、循环水式真空泵、控温干燥箱、抽滤装置、锥形瓶（250mL）、烧杯（250mL）、电子分析天平（0.1mg）、酸式滴定管、电子台秤、试管等。

试剂：$CaCl_2$、$Ca(OH)_2$、NH_4Cl、浓氨水（$NH_3 \cdot H_2O$）、H_2O_2、HCl（$2mol \cdot L^{-1}$）、H_2SO_4（$2mol \cdot L^{-1}$）、$KMnO_4$ 标准溶液（$0.02mol \cdot L^{-1}$，自行标定）、草酸钠（$Na_2C_2O_4$）、$MnSO_4$（$0.10mol \cdot L^{-1}$）、$Ca_3(PO_4)_2$、去离

了水等。

【实验步骤】

1. 过氧化钙的制备

制备方法一：称取 5g $CaCl_2$ 于 100mL 烧杯中，用 10mL 去离子水溶解，加入 0.1～0.2g $Ca_3(PO_4)_2$，放入磁转子，在磁力搅拌器上搅拌烧杯中的溶液，并且置于冰水浴中（0℃），缓慢滴加 30% 的 H_2O_2 溶液 30mL，加入 1mL 乙醇，边搅拌边滴加 5mL 左右浓 $NH_3·H_2O$，最后加入 25mL 冰水，置于冰柜（0℃）中冷却 30min，用带砂芯漏斗的抽滤瓶减压抽滤。用少量冰水洗涤晶体粉末 2～3 次，抽干后，将该粉末在 110℃ 的烘箱中真空干燥 0.5～1h，称重，计算产率，回收母液。

制备方法二：在 250mL 烧杯中加入 5g $Ca(OH)_2$ 固体和 7.5g NH_4Cl 固体，加入 15mL 水和微量 $Ca_3(PO_4)_2$ 固体，放入磁转子，启动磁力搅拌器，在冰水浴中，在电磁搅拌下，缓慢滴加 10mL 的 30% H_2O_2 溶液；始终在冰水浴中进行磁力搅拌，反应 30min 后静置 15min，抽滤，反复用母液转移产品至布氏漏斗中，再用少量冰水洗涤产品 2～3 次，抽干后在 110℃ 的烘箱内干燥 0.5～1h，冷却、称重、计算产率，回收母液。

2. 测试 CaO_2 的漂白性

取未经处理的天然植物油 2mL 于试管中，加入 1g CaO_2、1 滴 $MnSO_4$，振荡 10min，静置 10min，与天然植物油对比色泽，观察自制的 CaO_2 是否有漂白性。

3. CaO_2 含量的测定

(1) $0.02 mol·L^{-1}$ $KMnO_4$ 溶液的配制和标定

$KMnO_4$ 标准溶液用还原剂 $Na_2C_2O_4$ 作基准物进行标定。反应如下：

$$2MnO_4^- + 5C_2O_4^{2-} + 16H^+ = 2Mn^{2+} + 10CO_2\uparrow + 8H_2O$$

滴定时利用 MnO_4^- 本身的颜色指示滴定终点。

$0.02 mol·L^{-1}$ $KMnO_4$ 标准溶液的配制：称取 3.16g $KMnO_4$（M_r = 158.0）固体，溶于 1L 水中，加热煮沸 20～30min（随时加水以补充蒸发损失）。冷却后在暗处放置 7～10d，然后用玻璃砂芯漏斗除去 MnO_2 等杂质。滤液贮于洁净的具玻塞棕色瓶中,放置于暗处保存。如果溶液是煮沸并在水浴上保温 1h(加热煮沸是为了除掉溶液中的还原性物质)经冷却后过滤的,则不必长期放置,可直接标定其浓度。

0.02mol·L^{-1} KMnO$_4$ 标准溶液的浓度标定:准确称取 0.14~0.16g 干燥(在 105~110℃烘干 2h)的 Na$_2$C$_2$O$_4$(M_r=134.0)基准物三份,分别置于 250mL 锥形瓶中,加 10mL 水溶解,再加 30mL 2mol·L^{-1} H$_2$SO$_4$ 溶液并加热至 75~85℃,立即用待标定的 KMnO$_4$ 标准溶液滴定至呈粉红色,且 30s 内不褪色即为终点。滴定初期反应很慢,KMnO$_4$ 溶液必须逐滴加入,如滴加过快,部分 KMnO$_4$ 在热溶液中将按下式分解而造成误差。

$$4KMnO_4 + 2H_2SO_4 =\!\!=\!\!= 4MnO_2 + 2K_2SO_4 + 2H_2O + 3O_2\uparrow$$

平行滴定 3 次,根据所消耗的 KMnO$_4$ 标准溶液的体积和 Na$_2$C$_2$O$_4$ 的质量,以及二者的计量比,计算 KMnO$_4$ 标准溶液的浓度(应保留 4 位有效数字),相对平均偏差应在 0.2% 以内。

(2) CaO$_2$ 含量的测定

准确称取 0.15g 左右的产品 CaO$_2$ 三份,分别置于 250mL 锥形瓶中,各加入 50mL 去离子水和 15mL 的 HCl 溶液(2mol·L^{-1}),使其溶解;再加入几滴 0.10mol·L^{-1} MnSO$_4$ 溶液,用 0.02mol·L^{-1} KMnO$_4$ 标准溶液滴定至溶液呈微红色,30s 内不褪色即为终点。计算 CaO$_2$ 的质量分数,计算结果应保留 4 位有效数字。若测定值相对平均偏差大于 0.2% 需再测一份。

【思考题】

1. 本次实验所得的 CaO$_2$ 中会含有哪些主要杂质?如何提高产品的纯度?

2. 在本实验测定 CaO$_2$ 含量时,为何不用稀 H$_2$SO$_4$ 而用稀 HCl,若用稀 H$_2$SO$_4$ 对测定结果有无影响?如何证实?

3. 试比较采用两种方法所合成的 CaO$_2$ 的产率和 CaO$_2$ 含量。

实验七
一水合硫酸氢钠催化合成乙酸正丁酯及产物表征

【实验目的】

1. 掌握羧酸酯合成的基本原理。
2. 掌握乙酸正丁酯合成的基本操作。

【实验原理】

乙酸正丁酯是一种具有水果味的无色易燃液体，可作为优良的有机溶剂，对醋酸丁酸纤维、乙基纤维素、氯化橡胶、聚苯乙烯、甲基丙烯酸树脂以及许多天然橡胶等均有良好的溶解性能，广泛应用于硝化纤维清漆中，在各种石油加工和制药过程中用作萃取剂，也用作香料复配剂及杏、香蕉、梨、菠萝等各种香味剂的成分。

乙酸正丁酯的工业生产与大多数酯类化合物相同，均采用浓硫酸作催化剂，虽然反应时间较短，但由于有氧化、炭化、磺化和异构化等副反应存在，使反应收率下降，产品质量差，反应后处理工艺复杂；而且浓硫酸对反应设备腐蚀严重，且易造成环境污染。因此，近年来人们一直在寻找更优良的催化剂来代替浓硫酸，已发现硫酸树脂、固体超强酸、杂多酸以及过渡金属硫酸盐等均可作为酯化反应的优良催化剂。一水合硫酸氢钠（$NaHSO_4 \cdot H_2O$）作催化剂价廉易得，性质稳定，不溶于有机酸和醇，易溶于水，其溶液显强酸性，且处理过程简单，在适宜的条件下，酯收率达94%。与合成乙酸正丁酯的其他催化剂，如固载杂多酸盐、氯化亚锡（$SnCl_2$）、$FeCl_3$、十二合水合硫酸铁铵 [$NH_4Fe(SO_4)_2 \cdot 12H_2O$]、氨磺酸（$H_3NO_3S$）、对甲苯磺酸（$C_7H_8SO_3$）相比较，$NaHSO_4 \cdot H_2O$ 具有良好的工业应用前景。其反应式为：

$$CH_3COOH + CH_3(CH_2)_3OH \Longleftrightarrow CH_3COO(CH_2)_3CH_3 + H_2O$$

【仪器与试剂】

仪器：阿贝折射仪、傅里叶红外光谱仪、控温电热套、三口烧瓶（50mL）、分水器、回流冷凝管、尾接管、温度计、蒸馏头、直型冷凝管、锥形瓶、量筒等。

试剂：正丁醇、冰醋酸、一水合硫酸氢钠（$NaHSO_4 \cdot H_2O$）、沸石等。

【实验步骤】

1. 乙酸正丁酯的合成

在装有温度计、分水器及回流冷凝器的三口烧瓶中，依次加入 1.0g $NaHSO_4 \cdot H_2O$、23.80mL（0.26mol）正丁醇以及 11.45mL（0.20mol）冰醋酸；再向反应体系中加入几粒沸石，令电热套加热回流分水，温度控制在 101～122℃。待分水完毕，冷却后将反应物直接倒入蒸馏瓶中，固体催化剂留在三口烧瓶中备用。

直接加热蒸馏反应液，收集 124～126℃的馏分，称重，计算收率。

2. 乙酸正丁酯的表征

测定产品的折射率，并采用傅里叶红外光谱仪对乙酸正丁酯进行表征。纯乙酸正丁酯是具有果香味的无色透明液体，沸点为 125～126℃，以 d_4^{20}（H_2O）=0.882 为标准，折射率 $n_D^{20}=1.3951$。

【注意事项】

1. 催化剂 $NaHSO_4 \cdot H_2O$ 对酯化反应有明显的催化活性，反应速率快，反应只需约 30min 即可完成。当催化剂用量为 0.5g 时已有明显的催化效果；当用量为 1.0g 时酯化率最高；催化剂用量再增加，酯收率不再升高，反而下降。因此催化剂用量以 1.0g 为最佳量。

2. 观察实验现象，反应进行前的 15min 之内出水速度很快；15min 后，出水量明显减少；近 30min 时，几乎不出水。因此最佳反应时间为 30min。

3. $NaHSO_4 \cdot H_2O$ 是强离子型化合物，易溶于水，不溶于反应体系，所以酯化反应完毕后，反应液可以用"倾析法"直接倾出蒸馏，催化剂留在反应瓶中。同时合成乙酸正丁酯的前馏分是醇、酯和水的二元或三元共沸物（见表 7-1），可以在催化剂重复使用过程中继续使用，以减少损失。

表 7-1 酯化反应中各共沸物的沸点及组成

共沸物类型	共沸物组成	共沸点/℃	组成的质量分数/%		
			乙酸正丁酯	正丁醇	水
二元	乙酸正丁酯-水	90.7	72.9		27.1
	正丁醇-水	93.0		55.5	44.5
	乙酸正丁酯-正丁醇	117.6	32.8	67.2	
三元	乙酸正丁酯-正丁醇-水	90.7	63.0	8.0	29.0

4.由于催化剂每一次使用后结晶水都被部分分出，因此以后每次使用前均须加入水启动反应。虽然催化剂的重复使用次数为 3 次左右，但可方便地用重结晶法再生。

5.根据分出的总水量（注意扣去预先加到分水器中的水量），可以粗略地估计酯化反应完成的程度。

【思考题】

1.本实验中对醇和酸的物质的量之比有什么要求？
2.$NaHSO_4 \cdot H_2O$ 作为催化剂的催化机理是什么？
3.分水器的原理是什么？分水器如何使用？

镇静催眠药巴比妥酸的制备

【实验目的】

1.掌握由尿素与丙二酸二乙酯缩合制备六元杂环化合物巴比妥酸的方法。
2.了解和掌握无水实验的基本操作，进一步熟练回流、结晶、熔点测定等技术。

【实验原理】

催眠药与镇静药对中枢神经系统都有非特异性的抑制作用：催眠药用于诱

导睡眠，镇静药用于缓解焦虑。催眠作用与镇静作用有区别，但无明确的界限，同一种药，因剂量不同而显示不同的作用。催眠药剂量减少，可发挥镇静作用；反之，镇静药剂量加大，也可发挥催眠作用，但不一定都能作为催眠药使用。常用的催眠药与镇静药根据结构不同可分为两大类：苯二氮䓬类和非苯二氮䓬类。苯二氮䓬类催眠药有安定、硝基安定等；非苯二氮䓬类催眠药有苯巴比妥、导眠能等。

巴比妥酸是一种苯二氮䓬类镇静催眠药，化学名为丙二酰脲，为白色结晶，无味，易在空气中风化，能与金属作用形成盐。巴比妥酸既是染料和药物的中间体，也可用作聚合催化剂，用来合成二氟一氯嘧啶基活性染料关键中间体三氟氯嘧啶、巴比妥类药物和维生素 B_{12}，用途甚广。

巴比妥酸的合成路线大致可分为水解法和直接合成法两类。本实验选用直接合成法，通过缩合反应即丙二酸二乙酯与尿素直接反应，脱去两分子乙醇来制备巴比妥酸（见图 8-1）。

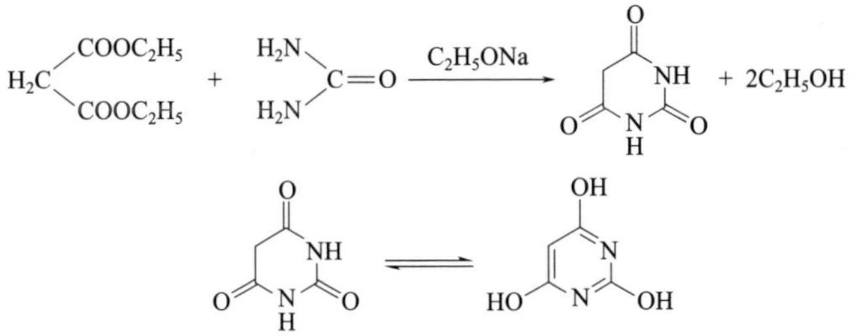

图 8-1 巴比妥酸的合成

巴比妥酸是巴比妥类镇静催眠药中的一种，根据六元环上亚甲基上具有的基团不同，可分为苯巴比妥、异丙巴比妥、烯戊巴比妥等，可用相应的原料和方法合成得到，它们有着不全相同的药效。另外，也可用硫脲代替尿素与丙二酸二乙酯缩合得到相应的硫代巴比妥酸，它也是一种较好的镇静催眠药，其合成过程与巴比妥酸的合成基本相同。

【仪器与试剂】

仪器：三口烧瓶（100mL）、回流冷凝管、干燥管、布氏漏斗、抽滤瓶、循环水式真空泵、抽滤装置、磁力搅拌器、干燥管等。

试剂：丙二酸二乙酯、金属钠、无水乙醇、盐酸、尿素、氯化钙等。

【实验步骤】

在 100mL 三口烧瓶中加入 20mL 无水乙醇，装好冷凝管，安装好回流装置。从烧瓶的一个侧管分数次加入 1g 切成小块的金属钠，待其全部溶解后，再加入 6.5mL 丙二酸二乙酯，振摇均匀。然后慢慢加入 2.4g 干燥过的尿素和 12mL 无水乙醇所配成的溶液，在冷凝管上端装氯化钙干燥管，在磁力搅拌下加热回流 2h。

反应结束后，冷却反应物，得到黏稠的白色半固体物。向其中加入 30mL 热水，再用盐酸调节 pH＝3，得到澄清溶液。过滤除去少量杂质。滤液用冰水冷却，晶体析出，过滤，用少量冰水洗涤晶体数次，得白色棱柱状结晶。产品约重 2～3g，干燥后测定其熔点为 244～245℃。

【注意事项】

1. 本实验所用仪器及药品均应保证无水。由于无水乙醇具有很强的吸水性，故操作过程中和存放时必须防止水分进入。

2. 由于金属钠可与醇顺利地反应，故金属钠无需切得太小，以免暴露太多的表面，在空气中迅速吸水转化为氢氧化钠而皂化丙二酸二乙酯。

3. 原料丙二酸二乙酯可通过减压蒸馏进行纯化，收集 82～84℃、1.066kPa 的馏分。

4. 反应产物在水溶液中析出时为光泽结晶，久放会转化为粉末状，粉末状产物有较正确的熔点。

【实验结果和讨论】

计算产率，讨论影响产率的因素。

【思考题】

1. 反应结束后，反应瓶中有哪些成分，这些成分在这个实验中分别是怎么除去的？

2. 设计水解法的合成路线，比较两条路线的优劣。

实验九
微波条件下 SiO_2/K_2CO_3 促进的无溶剂法合成肉桂腈

【实验目的】

1. 了解无溶剂法的原理。
2. 掌握无溶剂法合成肉桂腈的基本操作。
3. 掌握傅里叶红外光谱仪的操作方法并对肉桂腈的红外谱图进行解析。

【实验原理】

肉桂腈又称反-肉桂腈,它是一种化工中间体,分子式为 C_9H_7N,分子量为 129.16。肉桂腈是一种优良的人工合成香料,香气类似于天然肉桂,是肉桂油和肉桂醛的理想替代品。它被广泛应用于香料中,以及化妆品、洗衣粉等日用品和皂用香料。此外,由于肉桂腈对霉菌的抑制效果好,抑菌谱广,并具有驱虫作用,因此,可被用于食品防腐剂中。肉桂腈还具有抗生素的作用,但不属于抗生素。它具有较高的杀菌和抑菌作用,是一类广谱的杀菌化合物。此外,肉桂腈也被用于精细化工产品中。

肉桂腈的合成方法有丙烯腈和 4,5-二甲氧基-2-甲基苯甲醛合成、肉桂醛肟合成、消除法合成等。本实验以肉桂醛为原料,先令其与盐酸羟胺发生缩合反应合成肉桂醛肟,然后,肉桂醛肟在脱水剂无水碳酸钾的作用下发生消除反应合成肉桂腈。采用无溶剂固相研磨法,并结合微波辐射的方法合成肉桂腈粗产物,具有简单、快速、收率高、对环境友好等特点。粗产物再经过蒸馏、柱色谱分离等后处理纯化得到肉桂腈产品。实验流程如下:

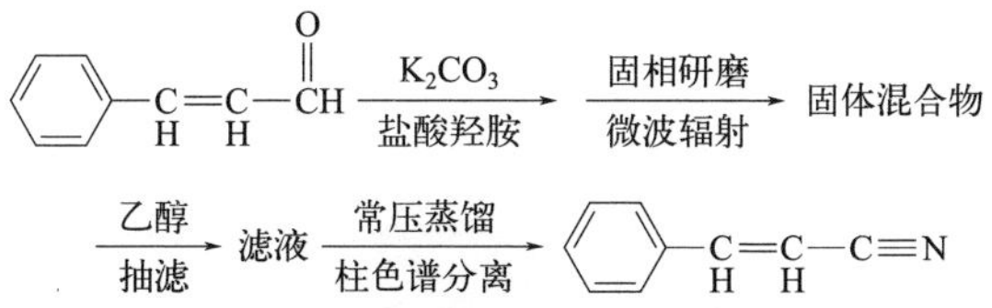

【仪器与试剂】

仪器：微波炉、阿贝折射仪、傅里叶变换红外光谱仪、三用紫外分析仪等。

试剂：新蒸肉桂醛、盐酸羟胺、无水碳酸钾、石英砂（SiO_2）、95％乙醇、石油醚（30～60℃）、乙酸乙酯等。

【实验步骤】

1. 肉桂腈的制备

在研钵中加入无机载体 SiO_2 1.2g、盐酸羟胺 0.313g（4.5mmol）、脱水剂无水碳酸钾 0.345g（2.5mmol）、肉桂醛 0.39mL（3mmol），室温下彻底研磨均匀，再在微波功率为 730W 条件下加热 4～5min。

用薄层色谱法（TLC）跟踪反应，展开剂为石油醚和乙酸乙酯（$V_{石油醚}:V_{乙酸乙酯}=7:2$，体积比），在三用紫外分析仪下跟踪反应，直至趋于完成。

反应完成后用乙醇溶解固体混合物，抽滤，滤液先经常压蒸出溶剂得粗产物，再在硅胶柱上进行柱色谱分离（$V_{石油醚}:V_{乙酸乙酯}=7:1$ 为洗脱剂，200～300 目硅胶），得肉桂腈纯品。收率可以达 90％。

2. 产物肉桂腈的表征

产品经阿贝折射仪测得折光率 $n_D^{20}=1.6008$（文献值 $n_D^{20}=1.6010$）。经傅里叶变换红外光谱仪测定，在约 $2200cm^{-1}$ 处出现 C≡N 的伸缩振动吸收峰。

【实验结果和讨论】

计算肉桂腈的产率以及重结晶的收率，并讨论影响产率的因素。

【思考题】

1. 用 TLC 跟踪反应时，肉桂醛和肉桂腈哪个点的比移值（R_f）比较大？为什么？
2. 薄层色谱样点展开时，如果发生拖尾现象，应该如何解决？为什么？
3. 在柱色谱纯化肉桂腈的操作中需要注意哪些细节？

实验十
薄层色谱法分离菠菜叶绿色素（微型实验）

【实验目的】
1. 学习薄层色谱法进行定性分析的原理。
2. 学习并掌握薄层色谱法的操作技术。

【实验原理】
叶绿素是一类与光合作用有关的最重要的色素，存在于所有能进行光合作用的生物体中，包括绿色植物、原核的蓝绿藻（蓝菌）和真核的藻类。它从光中吸收能量，用于将二氧化碳转变为碳水化合物。植物的叶、茎和果实中都含有胡萝卜素、叶黄素和叶绿素等各种色素，但由于前两种颜色较浅，在夏季时被叶绿素所遮蔽，到秋季叶绿素被破坏以后，它们的颜色才能显现出来。

叶绿素a，分子式为$C_{55}H_{72}O_5N_4Mg$，呈蓝绿色。它是主要的光合色素，在红光区的663nm处和蓝紫光区的429nm处吸收能量，是核心蛋白天线阵列的反应中心，存在于所有绿色植物中，常被用于研究水质的富营养化，当叶绿素a的含量大于$10\mu g \cdot L^{-1}$时，水体已经富营养化了。

叶绿素b，分子式为$C_{55}H_{70}O_6N_4Mg$，呈黄绿色。它是收集能量并将其传递给叶绿素a的辅助色素，在红光区的645nm处和蓝紫光区的453nm处吸收能量，对蓝光和红光具有吸收性，能够调节核心蛋白天线的大小，存在于高等植物、绿藻和眼虫藻中。

叶绿素a和叶绿素b都不溶于H_2O而溶于C_6H_6、$(C_2H_5)_2O$、$CHCl_3$、CH_3COCH_3等有机溶剂。

胡萝卜素是一种橙黄色的天然色素，有α、β、γ三种异构体，在结构上的特点就是有大量的共轭双键，这些共轭双键可形成深色团，产生颜色。类胡萝卜素分子中含有四个异戊二烯[$CH_2=CH-C(CH_3)=CH_2$]单位，中间两个异戊二烯是尾尾相连的,两端两个异戊二烯是首尾相连的,分子的两端连接两个开链或者两个环状结构或者一个开链一个环状结构。类胡萝卜素分子中最重要的部分是决定颜色和生物功能的共轭双键系统。在植物中 β 异构体的含量最高。

叶黄素是一种黄色色素,其结构与胡萝卜素相似,属于胡萝卜色素类化合物。图 10-1～图 10-4 是几种色素的结构式。

【仪器与试剂】

仪器:干燥箱、展开缸(高 12cm,内径 5.5cm)、分液漏斗、研钵、玻璃板(3cm×10cm)、锥形瓶(50mL)、量筒(10mL)、毛细点样管等。

试剂:硅胶 G、石油醚(60～90℃)、饱和 NaCl 溶液、乙醇(C_2H_5OH)、苯(C_6H_6)、丙酮(CH_3COCH_3)、无水硫酸钠(Na_2SO_4)等。

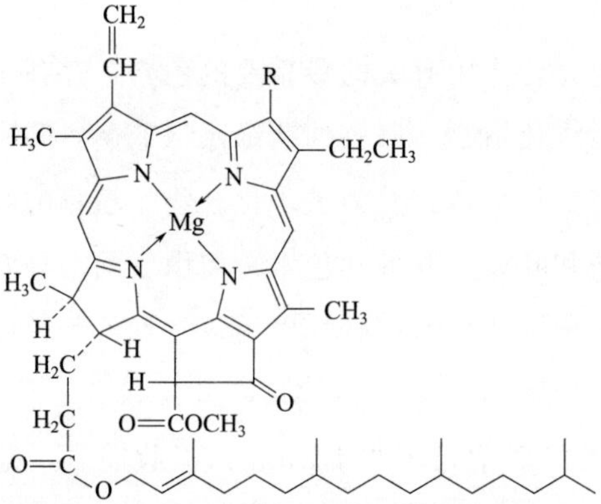

图 10-1 叶绿素的结构式(叶绿素 a:R=CH_3;叶绿素 b:R=CHO)

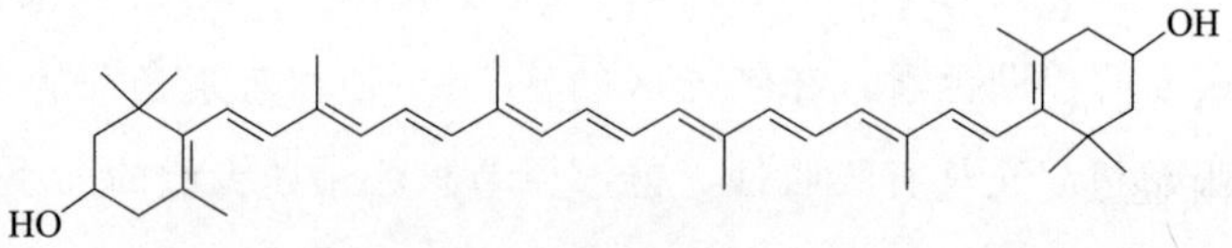

图 10-2 叶黄素的结构式

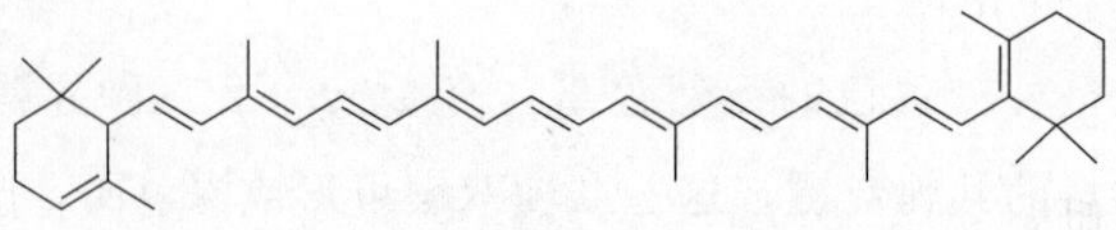

图 10-3 α-胡萝卜素的结构式

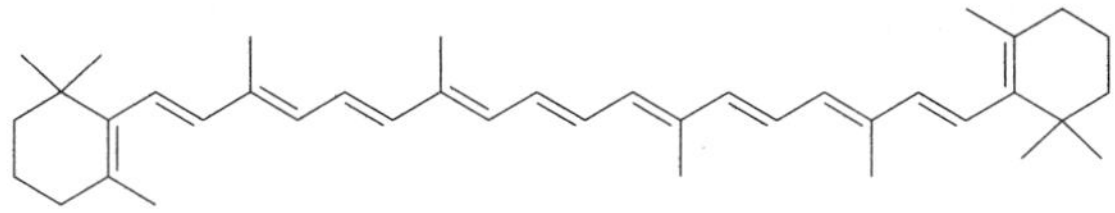

图 10-4 β-胡萝卜素的结构式

【实验步骤】

1. 薄层硅胶板的制备

将两块玻璃板洗净,用蒸馏水洗后烘干,再用擦镜纸擦去手印,使玻璃板表面光洁无斑痕。称取 3g 硅胶 G 于研钵中,加约 7mL 蒸馏水,立即充分研磨调成均匀糊状,分别倒在两块备好的玻璃板的一端,在桌边轻轻摇振,以使硅胶 G 均匀地涂在玻璃板上,并要求表面光滑。将涂好硅胶的玻璃板放置于水平桌面上,晾干表面的水分(约需 30min),再放入烘箱中于 105~110℃ 活化 30min,取出后冷却备用。

2. 叶绿素的提取

在研钵中放入几片(约 5g)菠菜叶(新鲜的或冷冻的都可以,如果是冷冻的,解冻后包在纸中轻压吸去水分),加入 10mL 体积比 2∶1 的石油醚和 C_2H_5OH 混合液(适当研磨不要研成糊状,否则会对分离造成困难)。将提取液用滴管转移至分液漏斗中,加入 10mL 饱和 NaCl 溶液(防止生成乳浊液),除去水溶性物质,分去 H_2O 层,再用蒸馏水洗涤两次。将有机层转入干燥的小锥形瓶中,加 2g 无水 Na_2SO_4,干燥。将干燥后的液体倾至另一锥形瓶中(如溶液颜色太浅,可在通风橱中适当蒸发浓缩)。

3. 点样

用一根内径 1mm 的毛细管吸取适量提取液,轻轻地点在距薄板一端 1.5cm 处,平行点两点,两点相距 1cm 左右。若一次点样不够,可待样品溶剂挥发后,再在原处点第二次,但点样斑点直径不得超过 2mm。

4. 展开

在干燥的展开缸中加入约 10mL 展开剂($V_{C_6H_6}$∶$V_{CH_3COCH_3}$∶$V_{石油醚}$=2∶1∶2),盖上缸盖并摇动,使其为溶剂蒸气所饱和。将点好样品的薄板以点样一端向下倾斜置于展开缸中(勿使样品斑点浸入展开剂),盖上缸盖。当溶剂润湿的前沿上升至距板的上端约 1cm 时，取出薄板，在前沿处划一直线，晾干。

5.计算各叶色素的 R_f

感兴趣的同学，还可利用各种来源的绿色叶片，多做几组实验并比较其结果。

【思考题】

1.若实验时不慎使斑点浸入展开剂中，会产生什么后果？
2.样品斑点过大会对分离效果产生什么影响？
3.如何利用 R_f 值来鉴定化合物？
4.展开剂的高度超过点样线对薄层色谱有什么影响？

实验十一

热致变色材料四氯合铜二乙基铵盐的合成与结构表征

【实验目的】

1.了解热致变色材料四氯合铜二乙基铵盐的制备方法。
2.了解热致变色的机理及影响因素。

【实验原理】

在温度高于或低于某个特定温度区间会发生颜色变化的材料叫作热致变色材料。颜色随温度连续变化的现象称为连续热致变色，而只在某一特定温度下发生颜色变化的现象称为不连续热致变色；能够随温度升降反复发生颜色变化的称为可逆热致变色，而随温度变化只能发生一次颜色变化的称为不可逆热致变色。

热致变色的机理很复杂，其中无机氧化物的热致变色多与晶体结构的变化有关，无机配合物的热致变色则与配位结构或水合程度有关，有机分子的异构化也可以引起热致变色。热致变色材料中的分子在受热时发生结构或电子能级的变化，从而导致吸收或反射特定波长光线的变化。热致变色材料的颜色变化可以由温度改变而引起的化学反应、物理相变或相互作用的改变所驱动。热致变色材料中通常包含能够吸收特定波长光线的色素或染料，当材料受热时，吸收的光线发生变化，从而引起颜色的变化。热致变色材料可应用于温度传感器、热成像、光学调制器、防伪标识、室内装饰等领域。

例如，胆甾型液晶具有螺旋状的结构，螺旋距约为 300nm，与可见光波长同一量级，这个螺旋距会随外界温度、电场条件不同而改变，因而干涉光的波长随之而变。这会引起发射光波长的变化，导致热致变色现象，因此可通过调节其螺距的方法对外界光进行调制。

四氯合铜二乙基铵盐 $[(CH_3CH_2)_2NH_2]_2CuCl_4$ 在温度较低时，由于氯离子与二乙基铵离子中的氢原子之间的弱氢键和晶体场稳定化作用，处于扭曲的平面正方形结构。随着温度升高，分子内振动加剧，其结构就从扭曲的平面正方形转变为扭曲的正四面体结构，相应地其颜色也就由亮绿色转变为黄色。由此可见，配合物结构变化是引起系统颜色变化的重要因素之一。

【仪器与试剂】

仪器：电子台秤、锥形瓶（50mL）、烧杯（150mL）、量筒（10mL、50mL）、循环水式真空泵、抽滤瓶、布氏漏斗、玻璃干燥器、毛细管、温度计、数显熔点仪、傅里叶变换红外光谱仪、液晶片等。

试剂：盐酸二乙基铵、异丙醇、二水合氯化铜（$CuCl_2·2H_2O$）、无水乙醇、活化的 3A 沸石分子筛、凡士林等。

【实验步骤】

1.热致变色材料四氯合铜二乙基铵盐的制备

称取 3.2g 盐酸二乙基铵溶液于装有 15mL 异丙醇的 50mL 锥形瓶中，再将 1.7g $CuCl_2·2H_2O$ 和 3mL 无水乙醇加入另 1 支 50mL 锥形瓶中，微热使其全部溶解。然后将二者混合，加入 3 粒经活化的 3A 沸石分子筛，以促进晶体的形成。用冰水浴冷却后析出亮绿色针状结晶。迅速抽滤，并用少量异丙醇洗涤沉淀，将产物放入干燥器中保存（此产物吸湿自溶，操作要快。在干燥的冬季做此实验效果极好）。

2.热致变色材料的表征

利用傅里叶变换红外光谱仪、数显熔点仪等对产品进行表征。

3. 热致变色现象的观察

（1）取上述样品 1~2mg 装入一端封口的毛细管中墩结实，用凡士林把毛细管管口堵住，以防其中样品吸湿。用橡皮筋将此毛细管固定在温度计上，让样品部位靠近温度计下端水银泡。将带有毛细管的温度计一起放入装有约 100mL 水的 150mL 烧杯中，缓慢加热，当温度升高至 40~55℃时，注意观察变色现象，并记录变色温度。然后从热水中取出温度计，室温下观察随着温度降低样品颜色的变化，并记录变色的温度。

（2）取一块液晶片，观察其颜色，并用吹风机热风加热 1~2min，观察液晶随温度升降反复发生颜色变化的可逆热致变色现象。

【思考题】

1. 在制备过程中，加入 3A 沸石分子筛的作用是什么？
2. 在制备四氯合铜二乙基铵盐时要注意什么？
3. 四氯合铜二乙基铵盐热致变色的原因是什么？
4. 能否设计一个实验研究热致变色前后化合物结构的变化？

参考文献

[1] 张勇，胡忠鲠. 现代化学基础实验[M]. 北京：科学出版社，2000.

[2] 谢东津. 基于二乙铵四氯合铜的热致变色涂层及其相变机理研究[D]. 长沙：国防科技大学，2018.

[3] 陈昌云，李小华，周志华，等. 四氯合铜酸二乙铵的低热固相合成及其热色性[J]. 化学研究与应用，2003，(3)：385-386.

第二部分
中级综合化学实验

实验十二
微波合成磷酸锌及磷钼蓝法测定磷含量

【实验目的】

1. 了解微波合成磷酸锌的原理和方法。
2. 学习用磷钼蓝分光光度法测定磷含量的方法。

【实验原理】

磷酸锌 $[Zn_3(PO_4)_2 \cdot 2H_2O]$ 是一种多功能新材料，目前以磷酸锌等为代表的低毒和无毒防锈颜料已经逐步替代传统的和有毒的含铅、铬的防锈颜料。除了用于生产各类防腐防锈颜料、防锈底漆、涂料、钢铁等金属表面的磷化剂及医药用黏合剂外，还被用来生产氯化橡胶、阻燃剂、灭火剂、磷光体等。磷酸锌具有抗氧化、修复、消炎和保湿的作用，因此被用于护肤品中，有助于延缓皮肤衰老，有促进伤口愈合的功效。另据报道，磷酸锌作为营养元素，有助于增强免疫力，促进蛋白质合成，维护皮肤健康。它还可用于电子功能材料和荧光材料等的制造方面。磷酸锌的产量和需求量逐年上升，所有这些都为磷酸锌的研制、生产、应用和发展提供了广阔的空间。

目前磷酸锌的生产方法主要有两大类：直接法和间接法。

直接法就是以氧化锌与磷酸为原料直接反应制备磷酸锌，这也是传统的制备方法，其反应式如下：

$$3ZnO + 2H_3PO_4 =\!\!=\!\!= Zn_3(PO_4)_2 \cdot 2H_2O + H_2O$$

间接法是以锌盐（大多为可溶锌盐，如 $ZnCl_2$、$ZnSO_4$ 等）与磷酸盐（如钾、钠、铵的磷酸盐或磷酸氢盐）为原料制备磷酸锌，反应式如下：

$$3Zn^{2+} + 4HPO_4^{2-} + nH_2O =\!\!=\!\!= Zn_3(PO_4)_2 \cdot nH_2O + 2H_2PO_4^{-}$$

$$3Zn^{2+} + 2PO_4^{3-} + nH_2O =\!\!=\!\!= Zn_3(PO_4)_2 \cdot nH_2O$$

通常是采用硫酸锌、磷酸和尿素在水浴加热下反应，反应过程中尿素分解放出氨气并生成铵盐。过去反应需 4h 才能完成，本实验采用绿色化的实验技术——微波辐射加热，不仅使反应时间大大缩短（只需 10min 左右），而且使反应的效率大大提高。反应式为：

$$3ZnSO_4 + 2H_3PO_4 + 3(NH_2)_2CO + 7H_2O =\!\!=\!\!=$$
$$Zn_3(PO_4)_2 \cdot 4H_2O + 3(NH_4)_2SO_4 + 3CO_2 \uparrow$$

所得的四水合磷酸锌晶体在 110℃ 下干燥失去两个结晶水得到二水合磷酸锌。二水合磷酸锌可溶于无机酸、氨水、铵盐溶液，但不溶于水、乙醇，有潮解性和腐蚀性。

其含磷量通常采用磷钼酸喹啉质量法、磷钼酸铵质量法、磷钼酸铵容量法等化学分析手段进行测定。这些方法操作复杂、时间长，很难适应快速分析的需要。磷钼蓝分光光度法测定磷含量因具备准确、快速、简便的优点已被应用于磷化工及其他行业中磷的分析测定。其基本原理是在酸性介质中，在还原剂存在下，磷酸根离子与钼酸铵形成磷钼黄，再用抗坏血酸还原为磷钼蓝后，于最大吸收波长处测定其吸光度。

【实验仪器与试剂】

仪器：微波炉、循环水式真空泵、抽滤装置、干燥箱、电子台秤、烧杯、表面皿、具塞刻度试管、722 型可见分光光度计、玻璃比色皿等。

试剂：$ZnSO_4 \cdot 7H_2O$、尿素、H_3PO_4 溶液、钼酸铵溶液、抗坏血酸溶液、磷贮备液、HCl 溶液（$6mol \cdot L^{-1}$）、(1+1) 硫酸等。

【实验步骤】

1. 各种试剂的配制

(1) 钼酸铵溶液的配制

将 13g 钼酸铵 $[(NH_4)_6Mo_7O_{24} \cdot 4H_2O]$ 溶解于 100mL 蒸馏水中,并将 0.35g 酒石酸锑钾 $(KSbC_4H_4O_7)$ 也溶解于 100mL 水中,在不断搅拌下把钼酸铵溶液缓慢加入 300mL (1+1) 硫酸中,加酒石酸锑钾溶液并混合均匀。

(2) 抗坏血酸溶液的配制

将 5g 抗坏血酸溶解于蒸馏水中,并稀释至 100mL,贮存于棕色瓶中。

(3) 磷贮备液的配制

准确称取 0.2197g 经 100℃ 烘干至恒重的磷酸二氢钾,用蒸馏水溶解后定量转移至 1L 容量瓶中,加入约 800mL 蒸馏水,加 5mL (1+1) 硫酸,用水稀释到刻度摇匀,此贮备液含磷 $50\mu g \cdot mL^{-1}$。使用时用水稀释为含磷 $10\mu g \cdot mL^{-1}$ 的标准溶液。

2. 微波合成磷酸锌

称取 2.0g $ZnSO_4 \cdot 7H_2O$,置于 100mL 烧杯中,加入 1.0g 尿素和 1.0mL H_3PO_4 溶液,再加 20mL 水搅拌溶解,盖上表面皿,放进微波炉里,以 480W 的功率微波辐射,待透过窗口可看见烧杯内隆起白色沫状物时(约需 10min),停止加热,取出烧杯,用蒸馏水浸取、洗涤数次,抽滤。晶体用水洗涤至滤液无 SO_4^{2-} 为止。产品在 110℃ 烘箱中脱水得到 $Zn_3(PO_4)_2 \cdot 2H_2O$,称量计算产率。

3. 磷含量的测定

(1) 标准曲线的制作

分别吸取磷标准溶液 0.00mL、1.00mL、1.50mL、2.00mL、2.50mL、3.00mL、3.50mL 于 50mL 具塞刻度试管中,加水至 25mL,在沸水浴中加热 30min,冷至室温后,加入 1mL 抗坏血酸溶液,30s 后加入 2mL 钼酸铵溶液,加蒸馏水至刻度,分别显色 10min 后于最大吸收波长处测定吸光度。绘制标准曲线,并得到线性方程。

(2) 磷酸锌样品的处理和试样中磷含量的测定

准确称取已合成的 0.1500g 磷酸锌,加入 5mL $6mol \cdot L^{-1}$ HCl 溶解,将溶液转移到 100mL 容量瓶中,加蒸馏水定容至刻度并摇匀,得到磷酸锌处理液。取磷酸锌处理液 2.00mL 于 50mL 具塞刻度试管中,加入 1mL 抗坏血酸溶液,30s 后加入 2mL 钼酸铵溶液,加水至刻度,显色 10min,用 1cm 比色皿于最大吸收波长处测其吸光度，然后根据线性方程计算磷酸锌产品中的含磷量。

除了采用上述标准曲线法测定磷含量外，还可以用标准比较法测定磷含量。

对于单一组分的测定，将磷浓度相近的磷标准溶液（c_s）和未知液（c_x）在相同条件下显色、定容，分别测其吸光度 A_s 和 A_x，根据朗伯-比尔定律 $A=\varepsilon bc$，可由公式 $c_x=A_s c_x/A_x$，求出未知液中磷的浓度。

【注意事项】

1. 合成反应完成时，溶液的 pH 值为 5～6；加尿素的目的是调节反应体系的酸碱性。

2. 在配制系列标准溶液时，玻璃容器必须洗净，否则会对测定结果有影响。晶体最好洗涤至近中性再抽滤。

3. 在量取钼酸铵溶液时，切勿将钼酸铵溶液污染，否则会显现浅蓝色。

4. 只要正确使用微波炉，就不会对人体产生危害。市售的各种微波炉在防止微波泄漏上有严格的措施，使用时要遵照有关操作程序与要求，以免造成伤害。

【思考题】

1. 还有哪些制备磷酸锌的方法？

2. 如何对产品进行定性检验？请拟出实验方案。

3. 为什么微波辐射加热能显著缩短反应时间，使用微波炉要注意哪些事项？

参考文献

[1] 陈心怡，黄云龙，袁爱群，等. 纳米磷酸锌的可控合成[J]. 无机盐工业，2019，51(8)：20-24，82.

[2] 廖欢，梁渝柠，吴良，等. 新型防锈颜料磷酸锌铝的合成及机理研究[J]. 涂料工业，2019，49(10)：15-21.

[3] 袁爱群，陶萍芳，赵凤英，等. 磷钼蓝法测定磷酸锌中的磷含量[J]. 分析测试技术与仪器，2004，10(4)：251-253.

[4] 张京彬. 纳米磷酸锌微波辅助制备及应用[D]. 上海：东华大学，2015.

实验十三
硫酸四氨合铜（Ⅱ）的制备及配离子组成测定

【实验目的】

1. 学习用硫酸铜通过配位取代反应制备硫酸四氨合铜（Ⅱ）。
2. 学习用分光光度法测定硫酸四氨合铜（Ⅱ）配离子组成中铜离子的含量。
3. 掌握用酸碱滴定法间接测定硫酸四氨合铜配离子中的 NH_3 含量。

【实验原理】

硫酸四氨合铜（$[Cu(NH_3)_4]SO_4 \cdot H_2O$）为深蓝色晶体，常用作杀虫剂，能杀死某些害虫；在碱性镀铜过程中，可作为电镀液的主要成分，用于金属表面的处理；此外，在印染行业也有广泛的应用。

本实验以硫酸铜为原料，使其与过量氨水反应来制备硫酸四氨合铜，反应式如下：

$$[Cu(H_2O)_6]^{2+} + 4NH_3 + SO_4^{2-} =\!=\!= [Cu(NH_3)_4]SO_4 \cdot H_2O + 5H_2O$$

$[Cu(NH_3)_4]SO_4 \cdot H_2O$ 溶于水，不溶于乙醇，因此在 $[Cu(NH_3)_4]SO_4$ 溶液中加入乙醇，即可析出 $[Cu(NH_3)_4]SO_4 \cdot H_2O$ 晶体。制备的 $[Cu(NH_3)_4]SO_4 \cdot H_2O$ 在空气中容易与水和二氧化碳反应，生成铜的碱式盐，这会影响 $[Cu(NH_3)_4]SO_4 \cdot H_2O$ 的存储和使用，因此需要立即封存。

$[Cu(NH_3)_4]SO_4 \cdot H_2O$ 中 Cu^{2+}、NH_3 含量可以用分光光度法、酸碱滴定法分别测定。

$[Cu(NH_3)_4]SO_4 \cdot H_2O$ 在酸性介质中被破坏为 Cu^{2+} 和 NH_4^+，加入过量 NH_3 可以形成稳定的深蓝色配离子 $[Cu(NH_3)_4]^{2+}$。根据朗伯-比尔定律 $A = \varepsilon bc$（A 为吸光度；ε 为摩尔吸光系数；b 为液层的厚度；c 为试液中有色

物质的浓度）测定 Cu^{2+} 的含量。

首先，配制一系列已知浓度的 Cu^{2+} 标准溶液，在一定波长下用分光光度计测定 $[Cu(NH_3)_4]^{2+}$ 溶液的吸光度，并绘制标准曲线。再由标准曲线法求出样品中 Cu^{2+} 的浓度。

$[Cu(NH_3)_4]SO_4 \cdot H_2O$ 在碱性介质中被破坏为 $Cu(OH)_2$ 和 NH_3。在加热条件下把 NH_3 蒸入过量的 HCl 标准溶液中，再用 $0.1 mol \cdot L^{-1}$ NaOH 标准溶液进行滴定，从而准确测定样品中的 NH_3 的含量。

【仪器与试剂】

仪器：双光束紫外-可见分光光度计、电子台秤、循环水式真空泵、控温干燥箱、磁力加热搅拌器、抽滤装置、电子天平（0.1mg）、722型可见分光光度计、研钵、烧杯（100mL）、吸量管（5mL、10mL）、容量瓶（50mL、250mL）、玻璃比色皿、碱式滴定管、定氮装置、锥形瓶（250mL）等。

试剂：$NH_3 \cdot H_2O$（体积比1∶1）、$CuSO_4 \cdot 5H_2O$（精制）、乙醇（95%）、标准铜溶液（$0.0500 mol \cdot L^{-1}$）、H_2SO_4（$3 mol \cdot L^{-1}$）、NaOH（10%）、$0.1 mol \cdot L^{-1}$、$NH_3 \cdot H_2O$（$2.0 mol \cdot L^{-1}$）、HCl 标准溶液（$0.1 mol \cdot L^{-1}$）、酚酞指示剂（0.2%）等。

【实验步骤】

1. 硫酸四氨合铜的制备

在小烧杯中加入 1∶1 氨水 15mL，在不断搅拌下慢慢加入精制 $CuSO_4 \cdot 5H_2O$ 5.0g，继续搅拌，使其完全溶解成深蓝色溶液。待溶液冷却后，缓慢加入 8mL 95% 乙醇，即有深蓝色晶体析出。盖上表面皿，静置约 15min，抽滤，并用体积比为 1∶1 的氨水-乙醇混合液淋洗晶体 2 次，每次用量 2～3mL。将产品转移至表面皿上，在干燥箱中于 60℃ 烘干，称量并计算产率。

2. 产品中铜含量的测定

（1）$[Cu(NH_3)_4]^{2+}$ 的吸收曲线绘制

用吸量管准确移取 $0.0500 mol \cdot L^{-1}$ 标准铜溶液 0mL、2.00mL、4.00mL，分别注入 3 个 50mL 容量瓶中，加入 10mL $2.0 mol \cdot L^{-1}$ $NH_3 \cdot H_2O$，用去离子水稀释至刻度，摇匀。以试剂空白为参比溶液，用 2cm 比色皿，在分光光

度计上测定吸收曲线（波长范围：500～680nm）。以吸光度为纵坐标，波长为横坐标，绘制吸收曲线，找出 $[Cu(NH_3)_4]^{2+}$ 的最大吸收波长（λ_{max}）。

（2）标准曲线的绘制

用吸量管分别准确移取 0.0500mol·L^{-1} 标准铜溶液 0mL、1.00mL、2.00mL、3.00mL、4.00mL、5.00mL 于 6 个 50mL 容量瓶中，加入 10mL 2.0mol·L^{-1} NH$_3$·H$_2$O 后，用去离子水稀释至刻度，摇匀。以试剂空白溶液为参比溶液，用 2cm 比色皿，在 $[Cu(NH_3)_4]^{2+}$ 的 λ_{max} 处分别测定吸光度。以吸光度为纵坐标，相应的 Cu^{2+} 含量为横坐标，绘制标准曲线。

（3）样品中 Cu^{2+} 含量的测定

准确称取样品 0.9～1.0g 于小烧杯中，加水溶解，并加入数滴 H$_2$SO$_4$ 溶液，将溶液定量转移至 250mL 容量瓶中，加入去离子水稀释至刻度，摇匀。准确吸取样品 10mL 置于 50mL 容量瓶中，加 10mL 2.0mol·L^{-1} NH$_3$·H$_2$O，用去离子水稀释至刻度，摇匀。以试剂空白溶液为参比溶液，用 2cm 比色皿，在 $[Cu(NH_3)_4]^{2+}$ 最大吸收波长处测定其吸光度。从标准曲线上找出 Cu^{2+} 含量，并计算样品中铜的含量。

3. 产品中氨含量的测定

氨含量的测定在图 13-1 所示的定氮装置中进行。测定时先准确称取 0.12～0.15g 样品置于锥形瓶中，加少量水溶解，然后加入 10mL 10% NaOH 溶液。在另一锥形瓶中准确加入 40～50mL 标准 HCl 溶液。按图搭好装置，漏斗下端固定于一小试管，试管内注入 3～5mL 10% NaOH 溶液，使漏斗柄

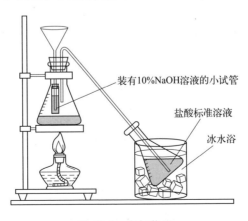

图 13-1 定氮装置

插入液面下 2~3cm，整个操作过程中漏斗下端不能露出液面。小试管的橡皮塞要切去一个缺口，使试管内与锥形瓶相通。加热样品溶液，开始时用大火加热，溶液开始沸腾时改为小火，保持微沸状态。蒸出的氨气通过导管被标准的 HCl 溶液吸收。1h 左右可将氨全部蒸出。冷却后，取出并拔掉插入 HCl 溶液中的导管，用少量水将导管内外可能黏附的溶液洗入锥形瓶中。用标准 NaOH 溶液滴定过量 HCl（以酚酞为指示剂）。根据加入的 HCl 溶液的体积及浓度和滴定所用 NaOH 溶液的体积及浓度，计算样品中氨的含量。

【注意事项】

1.要制得比较纯的 $[Cu(NH_3)_4]SO_4 \cdot H_2O$ 晶体，必须注意操作顺序，硫酸铜要尽量研细，且应充分搅拌，否则可能局部生成 $Cu_2(OH)_2SO_4$，影响产品质量（反应后溶液应无沉淀，透明）。

2.$[Cu(NH_3)_4]SO_4 \cdot H_2O$ 生成时放热，在加入乙醇前必须充分冷却，并静置足够时间。如能放置过夜，则能制得较大颗粒的晶体。

3.氨含量测定时，定氮装置不能漏气（如何检验?）。氨全部蒸出后，应先移去接收的锥形瓶，然后再盖灭酒精灯，以免倒吸。

【实验结果和讨论】

1.记录制备 $[Cu(NH_3)_4]SO_4 \cdot H_2O$ 的实验过程、条件及试剂用量。

2.按 $CuSO_4 \cdot 5H_2O$ 的量计算 $[Cu(NH_3)_4]SO_4 \cdot H_2O$ 的产率。

3.对产品 $[Cu(NH_3)_4]SO_4 \cdot H_2O$ 的纯度和质量作出评价，并分析原因。

4.铜含量的测定

（1）利用紫外-可见分光光度计进行光谱扫描（波长范围：500~680nm），可找出 $[Cu(NH_3)_4]^{2+}$ 的最大吸收波长 λ_{max} 为（　　）nm。

（2）以 Cu^{2+} 溶液体积为横坐标，吸光度为纵坐标，绘制标准曲线，得到的线性方程为（　　　　　），相关系数 R^2 为（　　　）。

（3）依据线性方程得到样品中铜的含量为（　　　）。

（4）除了用分光光度法测定铜含量外，还可采用络合滴定法和氧化还原法进行测定，试自行设计步骤测定铜含量，并比较各方法的优缺点。

5.氨含量的测定

（1）根据加入 HCl 标准溶液的体积和浓度、消耗的 NaOH 标准溶液的体积及浓度计算氨的含量。

（2）根据所称取的样品质量计算吸收 HCl 所需 NaOH 标准溶液的理论量。若要求回滴时消耗 NaOH 标准溶液为 20mL 左右，则可计算实际应取 HCl 标准溶液的体积（单位：mL）。例如，样品的质量为 0.1500g，则应取标准 HCl 溶液 45.00mL。

（3）将测得的 Cu^{2+}、NH_3 含量与理论值相比较，分析误差产生的原因。

【思考题】

1. 制备 $[Cu(NH_3)_4]SO_4 \cdot H_2O$ 应以怎样的原料配比？为什么？

2. 在制备 $[Cu(NH_3)_4]SO_4 \cdot H_2O$ 时，用到 1∶1 的氨水，挥发性比较大，如何设计简易的制备装置减少氨水的挥发？

3. 能否用加热浓缩的方法来制得 $[Cu(NH_3)_4]SO_4 \cdot H_2O$ 晶体？为什么？

4. 用 1∶1 氨水-乙醇混合液淋洗晶体的目的是什么？

5. 实验中样品的称量范围是如何确定的？

6. 绘制标准曲线和测定样品为什么要在相同的条件下进行？

7. 用吸光度对铜标准溶液体积作图，以及用吸光度对铜标准溶液浓度作图，所得两条标准曲线是否相同，为什么？

8. 在测定氨含量的装置中，小试管的橡皮塞没有切掉一个缺口或漏斗柄没有插入试管内的碱液中，将各有什么影响？

参考文献

[1] 董立军，杜鹏程，陆广农，等. 无机及分析化学自主设计实验的探究和实践——以"硫酸四氨合铜（Ⅱ）的制备及组成分析"为例[J]. 大学化学，2024，39(4)：361-366.

[2] 燕翔，王都留，马蓉，等. 利用废铜制备硫酸四氨合铜(Ⅱ)的实验研究[J]. 山东化工，2017，46(22)：3-4.

实验十四
三草酸合铁(Ⅲ)酸钾的制备、组成测定及表征

【实验目的】

1. 掌握配合物制备的一般方法。
2. 掌握用 $KMnO_4$ 法测定 $C_2O_4^{2-}$ 与 Fe^{3+} 的原理和方法。
3. 巩固无机合成、滴定分析的基本操作,学会测定配合物组成的原理和方法。
4. 了解表征配合物结构的方法。

【实验原理】

1. 三草酸合铁(Ⅲ)酸钾的制备

三草酸合铁(Ⅲ)酸钾 $(K_3[Fe(C_2O_4)_3] \cdot 3H_2O, M_r=491)$ 为翠绿色单斜晶体,溶于水[溶解度:4.7g/100g(0℃),117.7g/100g(100℃)],难溶于乙醇。110℃下失去结晶水,230℃下分解。该配合物对光敏感,遇光照射发生分解反应:

$$K_3[Fe(C_2O_4)_3] = K_2C_2O_4 + FeC_2O_4 \downarrow + CO_2$$

三草酸合铁(Ⅲ)酸钾是制备负载型活性铁催化剂的主要原料,也是一些有机反应的良好催化剂,在工业上具有一定的应用价值。

其合成工艺路线有多种。例如,可用三氯化铁或硫酸铁与草酸钾直接合成三草酸合铁(Ⅲ)酸钾;也可以铁为原料制得硫酸亚铁铵,加草酸制得草酸亚铁黄色沉淀后,在过量草酸根存在下用过氧化氢氧化制得三草酸合铁(Ⅲ)酸钾。

本实验以硫酸亚铁铵为原料,采用后一种方法制得本产品。其反应方程式如下:

$$(NH_4)_2Fe(SO_4)_2 \cdot 6H_2O + H_2C_2O_4 =$$
$$FeC_2O_4 \cdot 2H_2O \downarrow (黄色) + (NH_4)_2SO_4 + H_2SO_4 + 4H_2O$$

$$6FeC_2O_4 \cdot 2H_2O + 3H_2O_2 + 6K_2C_2O_4 =\!=\!=$$
$$4K_3[Fe(C_2O_4)_3] \cdot 3H_2O + 2Fe(OH)_3 \downarrow （红褐色）$$

加入适量的草酸可使红褐色 $Fe(OH)_3$ 转化为翠绿色的三草酸合铁（Ⅲ）酸钾：

$$2Fe(OH)_3 + 3H_2C_2O_4 + 3K_2C_2O_4 =\!=\!= 2K_3[Fe(C_2O_4)_3] \cdot 3H_2O （翠绿色）$$

加入乙醇，由于产品不溶于乙醇，放置即可析出产物的结晶。

2. 产物的定性分析

采用化学分析法和红外吸收光谱法进行产物组成的定性分析。

① K^+ 与 $Na_3[Co(NO_2)_6]$ 在中性或稀醋酸介质中，生成亮黄色 $K_2Na[Co(NO_2)_6]$ 沉淀，其反应方程式如下：

$$2K^+ + Na^+ + [Co(NO_2)_6]^{3-} =\!=\!= K_2Na[Co(NO_2)_6] \downarrow （亮黄色）$$

② Fe^{3+} 与 KSCN 反应生成血红色 $[Fe(SCN)_n]^{3-n}$（$n=1\sim 6$），$C_2O_4^{2-}$ 与 Ca^{2+} 生成白色沉淀 CaC_2O_4，由此可以判断 Fe^{3+}、$C_2O_4^{2-}$ 处于配合物的内界还是外界。

③ $C_2O_4^{2-}$ 和结晶水可以通过红外吸收光谱法确定其存在。当 $C_2O_4^{2-}$ 形成配位化合物时，红外吸收的振动频率（波数）和谱带归属见表 14-1。

表 14-1　红外吸收的振动频率（波数）和谱带归属

波数/cm^{-1}	谱带归属
1712，1677，1649	C=O 的伸缩振动
1390，1270，1255，885	C—O 的伸缩振动及 —O—C=O 的弯曲振动
797，785	O—C=O 的弯曲振动及 M—O 的伸缩振动
528	C—C 的伸缩振动
498	环变形 O—C=O 的弯曲振动
366	M—O 的伸缩振动

结晶水的吸收带在 $3550\sim 3200 cm^{-1}$ 之间，一般在 $3450 cm^{-1}$ 附近。通过红外谱图的对照，不难得出定性的分析结果。

3. 产物的定量分析

用 $KMnO_4$ 法测定产品中的 Fe^{3+} 含量和 $C_2O_4^{2-}$ 含量，并确定 Fe^{3+} 和 $C_2O_4^{2-}$ 的配位比。在酸性介质中，用 $KMnO_4$ 标准溶液滴定试液中的 $C_2O_4^{2-}$，

根据 $KMnO_4$ 标准溶液的消耗量可直接计算出 $C_2O_4^{2-}$ 的含量，其反应式为：

$$5C_2O_4^{2-} + 2MnO_4^- + 16H^+ = 10CO_2 + 2Mn^{2+} + 8H_2O$$

在上述测定草酸根后剩余的溶液中，用锌粉将 Fe^{3+} 还原为 Fe^{2+}，再用 $KMnO_4$ 标准溶液滴定 Fe^{2+}，其反应式为：

$$Zn + 2Fe^{3+} = 2Fe^{2+} + Zn^{2+}$$

$$5Fe^{2+} + MnO_4^- + 8H^+ = 5Fe^{3+} + Mn^{2+} + 4H_2O$$

根据 $KMnO_4$ 标准溶液的消耗量，可计算出 Fe^{3+} 的含量。

根据 $n(Fe^{3+}):n(C_2O_4^{2-}) = [w(Fe^{3+})/55.8]:[w(C_2O_4^{2-})/88.0]$，可确定 Fe^{3+} 与 $C_2O_4^{2-}$ 的配位比。

4. 产物的表征

通过对配合物磁化率的测定，可推算出配合物中心离子的未成对电子数，进而推断出中心离子外层电子的结构、配位键类型。

【仪器与试剂】

仪器：傅里叶变换红外光谱仪、烘箱、循环水式真空泵、电子天平、电子分析天平、烧杯（100mL、250mL）、量筒（10mL、100mL）、长颈漏斗、布氏漏斗、抽滤装置、表面皿、称量瓶、干燥器、锥形瓶（250mL）、酸式滴定管（50mL）、磁天平、玛瑙研钵等。

试剂：硫酸亚铁铵 $[(NH_4)_2Fe(SO_4)_2 \cdot 6H_2O]$、$H_2SO_4$ 溶液（2mol·L^{-1}）、$H_2C_2O_4$ 溶液（1mol·L^{-1}）、$H_2C_2O_4 \cdot 2H_2O$、H_2O_2（30%）、$K_2C_2O_4$ 溶液（饱和）、KSCN 溶液（0.1mol·L^{-1}）、$CaCl_2$ 溶液（0.5mol·L^{-1}）、$FeCl_3$ 溶液（0.1mol·L^{-1}）、亚硝酸钴钠（$Na_3[Co(NO_2)_6]$）、$KMnO_4$ 标准溶液（0.02mol·L^{-1}，参照实验六的方法进行配制和标定）、95%乙醇、丙酮、KBr、锌粉等。

【实验步骤】

1. 三草酸合铁（Ⅲ）酸钾的制备

（1）制备 $FeC_2O_4 \cdot 2H_2O$

称取 6.0g $(NH_4)_2Fe(SO_4)_2 \cdot 6H_2O$（$M_r = 392$）放入 250mL 烧杯中，

加入 1.5mL 2mol·L^{-1} H$_2$SO$_4$ 溶液和 20mL 去离子水，加热使其溶解。另称取 3.0g H$_2$C$_2$O$_4$·2H$_2$O 放到 100mL 烧杯中，加 30mL 去离子水微热，溶解后取出 22mL 倒入上述 250mL 烧杯中，加热搅拌至沸，并维持微沸 5min。静置，得到黄色 FeC$_2$O$_4$·2H$_2$O。用倾斜法倒出清液，用热去离子水洗涤沉淀 3 次，以除去可溶性杂质。

(2) 制备 K$_3$[Fe(C$_2$O$_4$)$_3$]·3H$_2$O

在上述洗涤过的沉淀中加入 15mL 饱和 K$_2$C$_2$O$_4$ 溶液，水浴加热至 40℃，滴加 10mL 15% H$_2$O$_2$ 溶液［将 H$_2$O$_2$（30%）用水稀释一倍］，不断搅拌溶液并维持温度在 40℃ 左右。滴加完后，加热溶液至沸以除去过量的 H$_2$O$_2$。取适量 (1) 中配制的 H$_2$C$_2$O$_4$ 溶液趁热加入，使沉淀溶解至呈现翠绿色为止。冷却后，加入 15mL 95% 乙醇溶液，在暗处放置，结晶。减压过滤，抽干后用少量乙醇洗涤产品，继续抽干，称量产品，计算产率，并将晶体放在干燥器内避光保存。

2. 产物的定性分析

(1) K$^+$ 的鉴定

在试管中加入少量产物，用水溶解，再加入 1mL Na$_3$[Co(NO$_2$)$_6$] 溶液（如果现象不明显，可直接加绿豆大小的 Na$_3$[Co(NO$_2$)$_6$] 固体），放置片刻，观察并记录现象。

(2) Fe^{3+} 的鉴定

在试管中加入少量产物，用水溶解。在另一支试管中加入少量的 FeCl$_3$ 溶液。各加入几滴 0.1mol·L^{-1} KSCN 溶液，振荡，观察并记录实验现象。在装有产物溶液的试管中加入 3 滴 2mol·L^{-1} H$_2$SO$_4$ 溶液，振荡后再观察溶液颜色有何变化，解释实验现象。

(3) C$_2$O$_4^{2-}$ 的鉴定

在试管中加入少量产物，用去离子水溶解。另取 1 支试管加入少量的 K$_2$C$_2$O$_4$ 溶液。在两支试管中各加入 2 滴 0.5mol·L^{-1} CaCl$_2$ 溶液，观察实验现象有何不同。在装有产物溶液的试管中加入 3 滴 2mol·L^{-1} H$_2$SO$_4$ 溶液，振荡后再观察溶液颜色有何变化，解释实验现象。

(4) 用傅里叶变换红外光谱仪鉴定 C$_2$O$_4^{2-}$ 与结晶水

取少量已干燥的 KBr 及小于 KBr 用量 1% 的样品，在玛瑙研钵中研细、压片，在傅里叶变换红外光谱仪上测定样品的红外吸收光谱，将红外谱图的各主要谱带与标准红外光谱图对照，确定样品是否含有 $C_2O_4^{2-}$ 及结晶水。

3. 产物组成的定量分析

（1）结晶水含量的测定

洗净两个称量瓶，在 110℃ 烘箱中干燥 1h，置于干燥器中冷却至室温后，在电子分析天平上称量。再放入 110℃ 烘箱中干燥 0.5h，即重复上述干燥→冷却→称量操作，直至质量恒定（两次称量结果相差不超过 0.3mg）为止。

在电子分析天平上准确称取两份产品各 0.5~0.6g，分别放入上述已恒重的两个称量瓶中。将放入产品的称量瓶在 110℃ 烘箱中干燥 1h，然后置于干燥器中冷却，至室温后，称量。重复上述干燥（改为 0.5h）→冷却→称量操作，直至质量恒定。根据称量结果计算产品中结晶水的质量分数。

（2）$C_2O_4^{2-}$ 含量的测定

在电子分析天平上准确称取两份产品（0.15~0.20g），分别放入两个锥形瓶中，各加入 15mL 2mol·L^{-1} H_2SO_4 溶液和 15mL 水，微热溶解，加热至 75~85℃，趁热用 0.0200mol·L^{-1} $KMnO_4$ 标准溶液滴定至浅粉色为终点（保留溶液待下一步分析使用）。根据消耗 $KMnO_4$ 标准溶液的体积，计算产物中 $C_2O_4^{2-}$ 的质量分数。

（3）铁含量的测定

在上述保留的溶液中加入一勺尖锌粉，加热近沸，直到黄色消失，溶液变为浅绿色（Fe^{3+} 已被还原为 Fe^{2+}）。趁热过滤除去多余的锌粉，将滤液收集到另一锥形瓶中，再用少量的水洗涤滤纸和漏斗，并将洗涤液也一并收集到上述锥形瓶中。继续用 0.0200mol·L^{-1} $KMnO_4$ 标准溶液进行滴定，至溶液呈粉红色。根据消耗 $KMnO_4$ 标准溶液的体积，计算 Fe^{3+} 的质量分数。

根据（1）、（2）、（3）的实验结果，计算 K^+ 的质量分数；结合上述（2）的结果，推断出配合物的化学式。

4. 配合物磁化率的测定

（1）试样管的准备

洗涤磁天平的试样管（必要时用洗液浸泡）并用去离子水冲洗，再用酒精、丙酮各冲洗 1 次，用吹风机吹干（也可烘干），避免水分对磁化率测定的影响。

(2) 试样管的测定

在磁天平的挂钩上挂好试样管，并使其处于两磁极的中间，调节试样管的高度，使试样管底部对准电磁铁两极中心的连线（即磁场强度最强处）。在不加磁场的条件下称量试样管的质量。

打开磁天平的磁场电源预热，用调节器旋钮慢慢调大输入电磁铁线圈的电流至 5.0A，在此磁场强度下测量试样管的质量。测量后，用调节器旋钮慢慢调小输入电磁铁的电流直至零为止，记录测量温度。

(3) 标准物质的测定

从磁天平上取下空试样管，装入已研细的标准物质 $K_3[Fe(C_2O_4)_3] \cdot 3H_2O$ 至刻度处，在不加磁场和加磁场的情况下分别测量标准物质＋试样管的质量。取下试样管，倒出标准物，按步骤 (1) 的要求洗净并干燥试样管。

(4) 试样的测定

取约 2g 产品在玛瑙研钵中研细，按照"标准物质的测定"步骤及实验条件，在不加磁场和加磁场的情况下测量试样＋试样管的质量。测量后关闭电源及冷却水。

产生测量误差的主要原因是试样装得不均匀，因此需将试样一点点地装入试样管，边装边在垫有橡皮板的台面上轻轻撞击试样管，并且还要注意每个试样填装的均匀程度、紧密状况应该一致，测量时应避免样品与磁场发生机械接触。

【数据处理】

根据实验数据（表 14-2）和标准物质的比磁化率 $\chi = 9500 \times 10^{-6}/(T+1)$，计算试样的摩尔磁化率 χ_m，近似得到试样的摩尔顺磁化率，计算出有效磁矩 μ_{eff}，求出试样 $K_3[Fe(C_2O_4)_3] \cdot 3H_2O$ 中心离子 Fe^{3+} 的未成对电子数 n，判断其外层电子结构，判断其属于内轨型配合物还是外轨型配合物。或判断此配合物中心离子的 d 电子构型，是形成高自旋配合物还是低自旋配合物，$C_2O_4^{2-}$ 是属于强场配体还是弱场配体。

表 14-2　$K_3[Fe(C_2O_4)_3] \cdot 3H_2O$ 磁化率的测定

测量物品	无磁场时的质量	加磁场后的质量	质量差 Δm
空试样管			
标准物质＋空试样管			
试样＋空试样管			

【注意事项】

1. $K_3[Fe(C_2O_4)_3]$ 溶液未达到饱和，冷却时不析出晶体，可以继续加热蒸发浓缩，直至稍冷后表面出现晶膜。

2. 定性分析产物时，必须要如实记录加入试剂后的实验现象，并通过化学方程式或者文字表述解释实验现象。

3. 要完全掌握磁天平的使用方法。

4. 在操作磁天平的过程中要轻拿轻放，避免对磁天平产生振动。

5. 测量时要避免人体或其他磁性物质靠近磁天平，引起额外的磁场干扰。

【思考题】

1. 氧化 $FeC_2O_4 \cdot 2H_2O$ 时，氧化温度控制在 40℃，不能太高，为什么？

2. 三草酸合铁（Ⅲ）酸钾见光易分解，应该如何保存？

3. $KMnO_4$ 滴定 $C_2O_4^{2-}$ 时，要加热，又不能使温度太高（75～85℃），为什么？如何判断温度为 75～85℃？

4. 根据实验结果如何计算配合物的化学式？产生误差的原因有哪些？

参考文献

[1] 吴培云, 杨怀霞. 无机化学实验[M]. 3 版. 北京: 中国医药科技出版社, 2023.

[2] 王伯康. 新编无机化学实验[M]. 南京: 南京大学出版社, 1998.

[3] 戴小敏, 冯凌竹, 李佳欣. 大学化学综合实验: 三草酸合铁(Ⅲ)酸钾的制备和结构表征[J]. 化学教育(中英文), 2021, 42(4): 56-61.

实验十五

安息香及其衍生物二苯乙二酮的合成及表征

【实验目的】

1. 学习辅酶催化合成安息香的原理及方法。
2. 学习由安息香氧化合成衍生物二苯乙二酮的多种方法。
3. 掌握红外光谱仪和核磁共振波谱仪的使用方法及谱图解析方法。
4. 学习用薄层色谱监测反应进程。

【实验原理】

1. 安息香的合成原理

安息香是一种重要的化工原料和药物合成中间体，具有多种用途。例如：可作为感光性树脂的光敏剂，使得树脂能够对光敏感，用于特定的印刷和制造；也可作为染料中间体，用于制造各种染料；还可作为一种添加剂，用于粉末涂料中以防止涂层出现缩孔；此外，安息香在药物合成中扮演关键角色，可用于抗癫痫药物二苯基乙内酰脲的合成。

合成安息香最典型的反应是苯甲醛在氰化钠（钾）的催化作用下，发生碳负离子对羰基的亲核加成反应，最后经过质子转移和氰离子离去得到安息香。但由于氰化钠（钾）为剧毒药品，使用不方便且危险性高，现在很少使用此方法。

另一种合成安息香的催化剂是维生素 B_1，又称硫胺素或噻胺，是一种辅酶。其分子中噻唑环上的氮原子和硫原子邻位的氢在碱的作用下可生成碳负离子，使维生素 B_1 作为亲核试剂，其吸电子作用可活化苯甲醛中—CHO 的 H 原子，形成烯醇加合物，从而发生质子交换；烯醇加合物再与苯甲醛作用形成一个新的辅酶加合物，辅酶加合物再离解成安息香，辅酶复原。反应方程式为：

$$2\,\text{PhCHO} \xrightarrow[\text{H}_2\text{O, EtOH}]{\text{维生素B}_1} \text{Ph-CO-CH(OH)-Ph}$$

2. 二苯乙二酮的合成

二苯乙二酮（又称苯偶酰）是重要的有机合成试剂，通常由安息香氧化而得。能使安息香氧化的试剂很多，常用的氧化剂有硝酸、醋酸铜、三氯化铁等。本实验以安息香为原料，利用氧化剂将安息香氧化为二苯乙二酮，根据所用氧化剂的不同，可有多种合成方法。

合成方法一：硝酸氧化法。硝酸氧化法较为简便，但反应中释放出的 NO_2 会造成环境污染，其反应方程式如下：

$$\text{Ph-CO-CH(OH)-Ph} \xrightarrow[\text{CH}_3\text{COOH}]{\text{HNO}_3} \text{Ph-CO-CO-Ph}$$

合成方法二：醋酸铜氧化法。安息香可以被温和的氧化剂醋酸铜氧化生成 α-二酮，铜盐本身被还原成亚铜态。实验经改进后使用催化量的醋酸铜，反应中产生的亚铜盐可不断被硝酸铵重新氧化生成铜盐，硝酸本身被还原为亚硝酸铵，亚硝酸铵在反应条件下分解为氮气和水。改进后的方法在不延长反应时间的情况下可明显节约试剂，且不影响产率及产物纯度。但是反应中用到了硝酸铵，其性质不稳定，会发生爆炸，存在一定的安全隐患。反应方程式如下：

$$\text{Ph-CO-CH(OH)-Ph} \xrightarrow[\text{NH}_4\text{NO}_3,\ \text{CH}_3\text{COOH}]{\text{Cu(CH}_3\text{COO)}_2} \text{Ph-CO-CO-Ph}$$

合成方法三：三氯化铁氧化法。$FeCl_3$ 也是氧化安息香的良好氧化剂，不仅避免了常用的硝酸氧化法会产生有毒的 NO_2，而且收率高、质量好、操作方便、安全。本实验采用方法三合成二苯乙二酮，反应方程式如下：

$$\text{Ph-CO-CH(OH)-Ph} \xrightarrow{\text{FeCl}_3} \text{Ph-CO-CO-Ph}$$

简单的薄层色谱法（TLC）虽然不能准确地说明反应混合物中各组分的含量，但是它却可以方便而清楚地反映氧化反应的进程。在反应过程中，通过不断取样进行分析来监测反应的进程有着实际应用的意义。如果在反应进行时不加以监测,为了保证反应完全,往往采取延长反应时间的方法,这不仅浪费了时间和能耗,而且已经生成的产物有可能会进一步发生变化,使产品的收率和纯度都降低。

安息香和二苯乙二酮合成的总反应路线如下:

$$\underset{}{\text{PhCHO}} \xrightarrow[\text{NaOH}]{\text{维生素B}_1} \underset{\text{安息香}}{\text{Ph-CO-CH(OH)-Ph}} \xrightarrow{\text{FeCl}_3} \underset{\text{二苯乙二酮}}{\text{Ph-CO-CO-Ph}}$$

【仪器与试剂】

仪器:分液漏斗、三口烧瓶(100mL)、回流冷凝管(30cm)、圆底烧瓶(100mL)、温度计、数显熔点仪、双波长薄层色谱扫描仪、红外光谱仪等。

试剂:苯甲醛(新纯化)、饱和碳酸氢钠($NaHCO_3$)、维生素 B_1、$3mol·L^{-1}$ NaOH 溶液、70%硝酸、冰醋酸、碘单质、硅胶 GF、2%醋酸铜溶液、1%羧甲基纤维素钠水溶液、硝酸铵、95%乙醇、三氯化铁($FeCl_3$)等。

【实验步骤】

1. 安息香的合成

(1) 苯甲醛的纯化

反应物苯甲醛不稳定,极易氧化为苯甲酸,在使用前要通过减压蒸馏纯化(苯甲醛在常压下的沸点为178℃),但是操作复杂、耗时。也可以采用饱和碳酸氢钠溶液洗涤除去苯甲醛中的苯甲酸杂质,简化了烦琐的减压蒸馏操作。具体操作为:分别量取等体积的苯甲醛和饱和 $NaHCO_3$ 溶液于分液漏斗中,振荡多次,并不时地打开下端活塞放气释压,静置分层后弃去下层 $NaHCO_3$ 溶液,再用饱和 NaCl 溶液洗涤上层有机相,即为纯化的苯甲醛。无需干燥,因为在合成安息香时,会加入少量的水。纯化的苯甲醛不用时在氮气下保存。

(2) 制备安息香

在圆底烧瓶中加入 0.9g(0.003mol)维生素 B_1 和 1.75mL 水,使其溶解,再加入 7.5mL95%乙醇,量取 5mL(5.2g,0.049mol)新蒸的苯甲醛,倒入反应混合物中,混匀后,在冰水浴中边摇动边逐滴加入 $3mol·L^{-1}$ NaOH

溶液（由于噻唑环在 NaOH 溶液中易开环失效），维持 pH＝9～10，此时反应液颜色逐渐加深。装上回流冷凝管，于 70～75℃水浴上加热 90min（或用塞子把瓶口塞住并于室温放置 48h 以上）。

（3）反应完毕后，缓慢冷却至室温，再用冰水浴冷却，即有白色晶体析出。若呈油状物析出，则需重新加热呈均相，再缓慢冷却结晶。之后抽滤，用 25mL 冷水分几次洗涤，干燥后粗产品质量为 3～4g，熔点为 132～134℃（烘箱温度不宜过高，否则晶体会熔化）。

（4）如果产品晶型不好则用 95％乙醇重结晶。纯化后的产物为白色晶体，熔点为 134～136℃。

（5）留出少许产品测定其红外光谱并与安息香的标准红外光谱图对比，指出其主要吸收带的归属。剩余的安息香产品用于合成二苯乙二酮。

2. 二苯乙二酮的合成

（1）制备薄层板

用硅胶 GF 作吸附剂，其中掺入 1％羧甲基纤维素钠水溶液作为黏合剂，在 7.5cm×2.0cm 的洁净玻璃片上均匀地制成薄层板，于室温晾干后，置于烘箱中逐步升温至 110℃，活化 1h。为了跟踪氧化反应的进行，每人准备上述薄层板 6 块和 20cm×10cm 薄层板 1 块，使用的展开剂是二氯甲烷。

（2）标准样品 R_f 值的测定

首先使用安息香和二苯乙二酮标准样品的混合物溶液在 20cm×10cm 薄层板上进行点样，展开，测出两个点的 R_f 值。再用双波长薄层色谱扫描仪分别测出此两个点的紫外最大吸收波长（λ_{max}），从而确定安息香和二苯乙二酮的样点。

（3）合成二苯乙二酮

方法一：在 100mL 三口烧瓶上安装回流冷凝管和温度计，另一颈上用标准磨口塞塞紧。将 6.0g 粗品安息香和 30mL 冰醋酸及 15mL 浓硝酸（70％，密度 1.42g·cm^{-3}）混合均匀。将此反应混合物在水浴上加热至液体温度为 85～95℃，此后每隔 15～20min 用细毛细管取出少量的反应液。在 7.5cm×2.0cm 薄层板上点样 2～3 次，晾干使醋酸和硝酸挥发，然后用二氯甲烷展开，用碘蒸气显色。如此不断地观察安息香是否已全部转化为二苯乙二酮。

当安息香已几乎全部转化为二苯乙二酮后，将反应液冷却并加入 120mL

水和 120g 冰的混合物。此时有黄色的二苯乙二酮结晶出现，转移反应液及结晶至布氏漏斗中（此步一定要谨慎操作，防止打破烧瓶底部），抽滤，并用少量冰水洗涤结晶固体，干燥后，用甲醇进行重结晶，计算产率。

方法二：在 50mL 圆底烧瓶中加入 4.3g（0.02mol）安息香、12.5mL 冰醋酸、2g 粉状的硝酸铵和 2.5mL 2％醋酸铜溶液，加入几粒沸石，装上回流冷凝管，在石棉网上缓缓加热并不时摇荡。当反应物溶解后，开始放出氮气，继续回流 1.5h 使反应完全。将反应混合物冷却至 50～60℃，在搅拌下倾入 20mL 冰水中，析出二苯乙二酮结晶。抽滤，用冷水充分洗涤晶体，尽量抽干，粗产物干燥后为 3～3.5g。如要制备纯品，可用 75％的乙醇水溶液重结晶，析出晶体熔点为 94～96℃。纯二苯乙二酮为黄色晶体，熔点为 95℃。

方法三：在 100mL 圆底烧瓶中加入 10mL 冰醋酸、5mL 水、9.0g $FeCl_3$，装上回流冷凝管，加热至沸，加入 2.1g 安息香，继续加热回流 45～60min。加水 30～50mL 煮沸后冷却，则析出黄色固体，抽滤，粗产品约 2.0g。用 95％乙醇重结晶，收率 90％～95％，产品熔点为 94～95℃。其中加入冰醋酸是为了防止 $FeCl_3$ 水解，同时增强 Fe^{3+} 的氧化性；加水是为了降低体系的饱和度，使析出的晶体较大。

（4）测定产品的熔点和红外光谱，并与二苯乙二酮的标准谱图对比，指出其主要吸收峰的归属。

【注意事项】

1. 维生素 B_1 在氢氧化钠溶液中其噻唑环易开环失效，因此反应前维生素 B_1 溶液及氢氧化钠溶液必须用冰水冷透。

2. pH 是本实验成败的关键影响因素，太高或太低均影响收率。调反应液 pH 时，将氢氧化钠溶液用滴管滴入反应液中，同时检测使反应液 pH 在 9～10 之间。

3. 1g 安息香产品约需 6mL 乙醇。在沸腾的 95％乙醇中产物的溶解度为 12～14g/100mL。必要时可加入少量活性炭脱色，若需脱色，活性炭的加入量为 0.15g 左右。

4. 2％醋酸铜溶液的制备：溶解 2.5g 五水合硫酸铜于 100mL 10％醋酸水溶液中，充分搅拌后滤去碱性铜盐的沉淀。

【思考题】

1. 为什么要向维生素 B_1 的溶液中加入氢氧化钠溶液？试用化学反应方程式说明。

2. 将安息香和二苯乙二酮样品的红外光谱图进行比较，二者的主要区别在哪里？

3. 通过查阅文献资料分析合成安息香可选择的催化剂有哪些？

4. 已知乙醇为溶剂时，安息香的 λ_{max} 为 248nm，二苯基乙二酮的 λ_{max} 为 260nm，试据此确定用 TLC 法分离得到的两个点各是哪一个化合物，并算出各自的 R_f 值。哪一个化合物的 R_f 值大一些，为什么？

5. 重结晶后的产物二苯基乙二酮为黄色针状结晶，安息香为白色结晶。试从原料与产物的结构特点出发说明这种颜色的变化。

6. 在用醋酸铜氧化安息香制二苯乙二酮的反应中，试用反应方程式表示硫酸铜和硝酸铵在与安息香反应过程中的变化。

参考文献

[1] Shaikh S K J, Kamble R R, Bayannavar P K, et al. Benzils：a review on their synthesis[J]. Asian Journal of Organic Chemistry，2022，11(2)：86-131.

[2] Jin Z，Yan C，Chu H，et al. Synthesis of benzoin under supramolecular catalysis involving cyclodextrins in water：application for the preparation of the antiepileptic drug phenytoin[J]. RSC Advances，2022，12(17)：10460-10466.

实验十六
由二苯乙二酮合成二苯基乙醇酸及产物表征

【实验目的】

1. 学习二苯基乙醇酸的重排及其合成方法。
2. 巩固有机合成的基本操作。
3. 熟练掌握熔点仪和红外光谱仪的操作方法。

【实验原理】

二苯基乙二酮是一个不能烯醇化的 α-二酮，当用碱处理时会发生碳骨架的重排，得到二苯基乙醇酸。由于二苯基乙醇酸是这种类型重排中最早的一个实例产物，故此类型的重排又称为二苯基乙醇酸的重排，反应方程式如下：

$$Ph-\underset{O}{\overset{O}{C}}-\underset{O}{\overset{O}{C}}-Ph \xrightarrow[CH_3CH_2OH, H_2O]{KOH} Ph-\underset{Ph}{\overset{OH}{C}}-COOK$$

此反应是由羟基负离子向二苯乙二酮分子中的一个羰基加成形成活性中间体开始的。此时另一个羰基则是亲电中心，苯基带着一对电子进行转移重排，而反应的动力是生成稳定的羧酸盐。

$$Ph-\underset{Ph}{\overset{O}{C}}-\underset{}{\overset{O^-}{C}}-OH \longrightarrow Ph-\underset{Ph}{\overset{O^-}{C}}-\underset{OH}{\overset{O}{C}} \longrightarrow Ph-\underset{Ph}{\overset{OH}{C}}-\underset{O^-}{\overset{O}{C}}$$

一旦生成羧酸盐，其经酸化后即产生二苯乙醇酸。这一重排反应可普遍用于将芳香族 α-二酮转化为芳香族 α-羟基酸，某些脂肪族 α-二酮也可发生类似的反应。总反应方程式为：

$$Ph-\underset{}{\overset{O}{C}}-\underset{}{\overset{O}{C}}-Ph \xrightleftharpoons{1.\ KOH} Ph-\underset{Ph}{\overset{O}{C}}-\underset{}{\overset{O^-\ K^+}{C}}-OH \longrightarrow Ph-\underset{Ph}{\overset{K^+O^-}{C}}-\underset{}{\overset{O}{C}}-OH$$

$$\longrightarrow Ph-\underset{Ph}{\overset{OH}{C}}-\underset{}{\overset{O}{C}}-O^-K^+ \xrightarrow{2.\ H_3O^+} Ph-\underset{Ph}{\overset{OH}{C}}-COOH$$

二苯乙醇酸也可直接由安息香与碱性溴酸钠溶液一步反应制得，得到高纯度的产物。

$$Ph-\underset{Ph}{\overset{OH}{C}}-\overset{O}{C}-Ph + NaBrO_3 + NaOH \xrightarrow{H^+} Ph-\underset{Ph}{\overset{OH}{C}}-COOH + NaBr + H_2O$$

【仪器与试剂】

仪器：圆底烧瓶（100mL）、锥形瓶、烧杯、表面皿、蒸发皿、回流冷凝管、数显熔点仪、傅里叶变换红外光谱仪等。

试剂：二苯乙二酮（自制）、氢氧化钾（KOH）、95％乙醇、15％乙醇、浓 HCl、溴酸钠（$NaBrO_3$）、氢氧化钠（NaOH）、浓 H_2SO_4、活性炭、5％ HCl、安息香、40％ H_2SO_4 等。

【实验步骤】

合成方法一：在 100mL 圆底烧瓶中加入 17mL 95％乙醇和 5.5g（0.026mol）二苯乙二酮，不断摇动圆底烧瓶使固体物完全溶解。同时在另一锥形瓶中将 5.5g KOH 溶于 12mL 水中，在振摇下将此 KOH 溶液加入圆底烧瓶中。装上回流冷凝管，在水浴上回流 15min，此间反应液由最初的黑色转化为棕色。最后将反应液转移到烧杯中，盖上表面皿放置过夜，析出二苯基乙醇酸钾盐结晶，抽滤，并用 2mL 95％乙醇洗涤所得固体。

将所得到的二苯基乙醇酸钾盐溶于尽量少的热水中，加活性炭脱色并趁热过滤，滤液用浓 HCl 酸化至 pH=2。当此反应混合物冷至室温后，用冰水浴冷却，抽滤，并用冷水充分洗涤，抽滤后的产品在空气中干燥，称重，计算产率。用熔点仪测定产品的熔点，纯品二苯基乙醇酸的熔点为 150℃。如要进一步纯化，可以 15％乙醇为溶剂（30~35mL·g^{-1}）重结晶。

测定纯产品的红外光谱，与二苯乙醇酸的标准谱图对比，并指出各主要吸收峰的归属。

合成方法二：称取 2.5g KOH 于 50mL 圆底烧瓶中，加入 5mL 水溶解，再将 2.5g 二苯乙二酮溶于 7.5mL 95％乙醇中，加入圆底烧瓶中，混合均匀后，装上回流冷凝管，在水浴上回流 15min。然后将反应混合物转移到小烧杯中，在冰水浴中放置约 1h（也可将反应混合物用表面皿盖住，放至下一次实验，二苯乙醇酸钾盐将在此段时间内结晶），直至析出二苯乙醇酸钾盐晶体。抽滤，并用少量冷乙醇洗涤晶体。

将过滤出的二苯乙醇酸钾盐溶于 70mL 水中，用滴管加入 2 滴浓 HCl，少量未反应的二苯乙二酮成胶体悬浮物，加入少量活性炭并搅拌几分钟，然后用菊花滤纸趁热过滤，滤液用 5％的盐酸酸化至刚果红试纸变蓝（约需 25mL），即有二苯乙醇酸晶体析出，在冰水浴中冷却使结晶完全。抽滤，用冷水洗涤几次以除去晶体中的无机盐。粗产物干燥后为 1.5~2g，熔点为 147~149℃。进一步纯化可用水或苯重结晶，并加少量活性炭脱色。二苯乙醇酸产量约1.5g，熔点为148～149℃。纯二苯乙醇酸为无色晶体，熔点为150℃。

合成方法三：由安息香制备。在一小蒸发皿中放置5.5g NaOH和1.2g $NaBrO_3$，溶于12mL水中。将蒸发皿置于热水浴上，加热至85～90℃。然后在搅拌下分批加入4.3g安息香，加完后保持此温度（反应混合物温度切勿超过90℃，反应温度过高易导致二苯乙醇酸分解脱羧增加副产物二苯甲醇），并不断搅拌，中间需不断地补充少量水，以免反应液变得过于黏稠，直至反应到取少量反应混合物于试管中，加水后几乎完全溶解为止，需1～1.5h。

用50mL水稀释反应混合物，之后置于冰浴中冷却后滤去不溶物（副产物为二苯甲醇）。滤液在充分搅拌下，慢慢加入40% H_2SO_4（浓硫酸与水的体积比为1∶3），到恰好不释放出溴为止（需13～14mL）（为了减小达到终点时的危险性，酸化前可取出5mL滤液于试管中，剩余物用硫酸酸化至释放出微量的溴，然后加入试管中少量事先取出的滤液）。抽滤析出的二苯乙醇酸晶体用少量冷水洗涤几次，压干，粗产物干燥后为3.0～3.5g，熔点为148～149℃。进一步提纯可用水进行重结晶。

【思考题】

1.如果二苯乙二酮用甲醇钠在甲醇溶液中处理，经酸化后应得到什么产物？写出产物的结构式和反应机理。

2.如何由相应的原料经二苯乙醇酸重排合成下列化合物：

a. 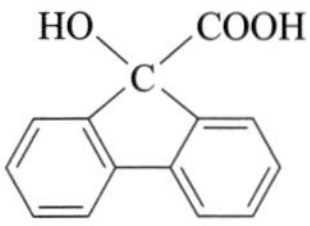 HO COOH（芴衍生物结构）

b. $(HOOCCH_2)_2-\underset{\underset{OH}{|}}{C}-COOH$ （柠檬酸）

实验十七
无溶剂条件下碱催化肉桂醛合成 α,β-不饱和醛酮

【实验目的】
1. 了解绿色化学的内涵。
2. 掌握无溶剂合成的方法与技能。
3. 结合绿色化学的要求,掌握防治污染的重要措施。

【实验原理】
$α,β$-不饱和醛酮是指碳碳双键(C=C)位于 $α,β$-碳原子间的不饱和醛酮。其结构中与醛羰基、酮羰基直接相连的碳原子位于 $α$ 位,相邻的碳原子为 $β$ 位。由于其结构中 C=C 和 C=O 键形成共轭体系,所以较稳定。$α,β$-不饱和醛酮既可以发生 1,2-加成,又可以发生 1,4-加成反应。

$α,β$-不饱和醛酮具有抗氧化、抗炎、抗肿瘤和保护神经等多种生物活性,还可以作为构建更有效药物分子的基础单元。在食品行业中,$α,β$-不饱和醛酮用于保鲜和防腐,以延长食品的保质期和增强其安全性。其也被用作食品调味料,增加食物的风味。在化妆品领域,不饱和醛酮的抗氧化功能使其在护肤品中有应用潜力,它有助于预防皮肤老化和维持肌肤弹性。此外,$α,β$-不饱和醛酮还可作为一种环境友好材料,在环境污染治理和修复工作中发挥重要作用。

$α,β$-不饱和醛酮的合成是在碱的催化下进行的。以肉桂醛为例,其自身含有双键,其缩合的产物在有机合成中有较好的应用前景。

无溶剂合成也被称为固态有机合成,反应对象通常是低熔点有机物,反应时除反应物外不加溶剂,固体物质直接接触发生反应。无溶剂合成最大的特点是低污染、低能耗、操作简单,符合绿色化学理念。很多在固态下发生的有机反应较在溶剂中反应更为有效和更能达到好的选择性。无溶剂合成为反应提供了与传统溶液反应不同的新的分子环境。在固体状态下,固态分子受到晶格的

束缚，分子的构象被冻结，反应分子有序排列，可实现定向反应，提高了反应的选择性，也使产品的收率提高。无溶剂合成分为室温反应、加热反应和机械方法（球磨法）。

下列反应以肉桂醛为反应物，在室温下合成一系列 α,β-不饱和醛酮化合物：

$$Ph-CH=CHCHO+R^1COCH_3 \longrightarrow Ph-CH=CH-CH=C-COR^1$$

R^1：a＝C_6H_5（苯基），b＝Fc（二茂铁基），c＝p-ClC_6H_4（对氯苯基），d＝p-$OCH_3C_6H_4$（对甲氧基苯基），e＝p-$NO_2C_6H_4$（对硝基苯基），f＝p-$NH_2C_6H_4$（对氨基苯基），g＝CH_3，h＝环戊酮基，i＝环戊酮基（与肉桂醛物质的量之比为 2∶1），j＝环己酮基，q＝环己酮基（与肉桂醛物质的量之比为 2∶1）。

本实验以肉桂醛和苯乙酮（即 R^1 为苯环）为反应物，制备相应的 α,β-不饱和醛酮。其他 α,β-不饱和醛酮的实验条件及产品收率见表 17-1。

【仪器与试剂】

仪器和耗材：研钵、循环水式真空泵、抽滤装置、烘箱、傅里叶变换红外光谱仪、数显熔点仪、TLC 薄层板等。

试剂：肉桂醛、苯乙酮、NaOH、95％乙醇等。

【实验步骤】

将肉桂醛（1mmol）、苯乙酮（1mmol）、NaOH(0.1g) 在室温下（16～25℃）置于研钵中研磨，用 TLC 跟踪反应，到肉桂醛消失，反应完成，得到固化的产品。产品水洗至中性，干燥后称重，计算产率，再用 95％乙醇重结晶得到 α,β-不饱和醛酮。测定其熔点和红外图谱并进行谱带归属。

表 17-1　无溶剂法合成 α,β-不饱和醛酮的实验条件及产品收率

序号	反应温度/℃	反应时间/min	收率/%	熔点/℃
a	r.t.	2.5	96	103～104
b	r.t.	3	95	116～117
c	r.t.	3	93	137～138
d	r.t.	5	90	85～86
e	r.t.	4	97	176～178

续表

序号	反应温度/℃	反应时间/min	收率/%	熔点/℃
f	r.t.	4	93	166~168
g	r.t.	3	91	109~110
h	r.t.	3	90	185~187
i	r.t.	6	93	166~168
j	r.t.	2	95	175~177
q	r.t.	6	90	181~183

注：r.t.代表室温。

  试以相同量的肉桂醛和苯乙酮在催化剂条件下进行液相反应，TLC跟踪至反应完全并计算产率。

【注意事项】

  1.在用研钵进行固相研磨时，如果反应物为挥发性物质，必须在通风橱内进行，并做好个人防护。

  2.在做实验前，要了解反应物及产物的物性常数。

【思考题】

  1.从反应时间和产率等方面比较溶剂反应与本体反应的优劣，以及对二者的工业生产可行性进行论证。

  2.TLC跟踪反应时，遇到拖尾现象应该如何解决？

  3.TLC跟踪反应点样以及展开时应注意什么？

实验十八
甲基橙的合成及解离常数的测定

【实验目的】

  1.学习偶联反应的实验原理和方法。

2.掌握分光光度法测定一元弱酸解离常数的原理。

3.学习测定甲基橙解离常数的方法及步骤。

【实验原理】

甲基橙是一种偶氮染料,合成甲基橙的反应方程式为:

$$H_2N-C_6H_4-SO_3H + NaOH \longrightarrow H_2N-C_6H_4-SO_3Na + H_2O$$

$$H_2N-C_6H_4-SO_3Na \xrightarrow[HCl]{NaNO_2} [HO_3S-C_6H_4-N^+\equiv N]Cl^- \xrightarrow[C_6H_5N(CH_3)_2]{CH_3COOH}$$

$$[HO_3S-C_6H_4-N=N-C_6H_4-\overset{H}{\underset{}{N}}(CH_3)_2]^+ (CH_3COO)^- \xrightarrow{NaOH}$$

$$NaO_3S-C_6H_4-N=N-C_6H_4-N(CH_3)_2 + CH_3COONa + H_2O$$

甲基橙是有机弱酸,它的酸形和碱形具有不同颜色。

在同一波长下:

$$A = A'_{HMO} + A'_{MO^-} = \frac{\varepsilon_{HMO} c(H^+) c}{K_a + c(H^+)} + \frac{\varepsilon_{MO^-} K_a c}{K_a + c(H^+)} \tag{18-1}$$

令 $A = A_{HMO} = \varepsilon_{HMO} c$,代入上式并整理,得:

$$A = \frac{A_{HMO} c(H^+) + A_{MO^-} K_a}{K_a + c(H^+)} \tag{18-2}$$

即:

$$pK_a = \lg \frac{A - A_{MO^-}}{A_{HMO} - A} + pH \tag{18-3}$$

式中,c 为甲基橙的分析浓度;A 为甲基橙溶液的吸光度;A_{HMO} 为甲基橙全部以酸形(HMO)存在时的吸光度;A_{MO^-} 为甲基橙全部以碱形(MO$^-$)存在时的吸光度;ε_{HMO} 为甲基橙全部以酸形(HMO)存在时的摩尔吸光系数;ε_{MO^-} 为甲基橙全部以碱形(MO$^-$)存在时的摩尔吸光系数;K_a 为甲基橙的离解常数;$c(H^+)$ 为溶液中 H$^+$ 的浓度,可由酸度计测得,pH $= -\lg[c(H^+)]$。维持溶液中甲基橙的分析浓度 c 和离子强度不变,改变溶液的 pH,测得其吸收曲线。在最大吸收波长 λ_{max} 处，最高曲线为纯酸形（HMO）的吸收曲线，最低曲线为纯碱形（MO⁻）的吸收曲线（见图 18-1）。其他曲线为酸形、碱形共存溶液的吸收曲线，它们的形状与溶液的 pH 有关。根据甲基橙在不同 pH 下测得的吸收曲线，作如下处理以得到甲基橙的解离常数。

1. 按式（18-3）计算

在图 18-1 中 HMO 的最大吸收波长（约 510nm）处作一条垂直于横轴的直线，从直线与各曲线的交点查得 A_{HMO}、A_{MO^-} 及各不同 pH 所对应的 A 值（见图 18-1），代入式（18-3），计算得一组 pK_a 值，其平均值即为测定结果。

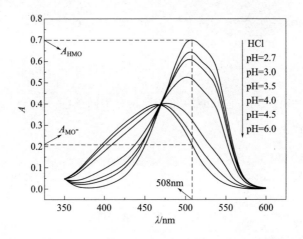

图 18-1　在不同 pH 的缓冲溶液中甲基橙的紫外-可见吸收曲线

2. 作图法

将式（18-3）写成：

$$\lg \frac{A - A_{MO^-}}{A_{HMO} - A} = -pH + pK_a$$

以 $\lg \dfrac{A - A_{MO^-}}{A_{HMO} - A}$ 对 pH 作图得一直线。当 $\lg \dfrac{A - A_{MO^-}}{A_{HMO} - A} = 0$ 时，即直线与横轴的交点的 pH 值为 pK_a（见图 18-2）。借助计算机用线性回归法处理可省去作图步骤。

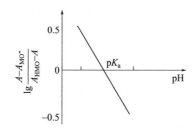

图 18-2 线性作图确定弱酸的解离常数 pK_a

【仪器与试剂】

仪器：双光束紫外-可见分光光度计、pH 酸度计、容量瓶（250mL、50mL）、移液管（5mL）、烧杯等。

试剂：无水对氨基苯磺酸、亚硝酸钠（$NaNO_2$）、N,N-二甲苯胺、氢氧化钠、KCl 溶液（$2.5mol \cdot L^{-1}$）、氯乙酸-一氯乙酸钠缓冲溶液（总浓度为 $0.50mol \cdot L^{-1}$，pH 分别为 2.7、3.0、3.5）、$CH_3COOH \cdot CH_3COONa$ 缓冲溶液（总浓度为 $0.50mol \cdot L^{-1}$，pH 分别为 4.0、4.5、6.0）、HCl 溶液（$2mol \cdot L^{-1}$）、NaOH、乙醇、冰醋酸、淀粉-碘化钾试纸等。

【实验步骤】

1. 甲基橙的合成

(1) 重氮盐的制备

在烧杯中加入 10mL 5％NaOH 溶液及 2.1g（0.012mol）对氨基苯磺酸晶体，微热溶解。另溶解 0.8g（0.011mol）$NaNO_2$ 于 6mL 水中，加入上述烧杯内，用冰盐浴冷至 0～5℃。在不断搅拌下，将 3mL 浓盐酸与 10mL 水配成的溶液缓缓滴加到上述混合溶液中，并控制反应温度在 5℃以下。滴加完后用淀粉-碘化钾试纸检验。然后在冰盐浴中放置 15min 以保证反应完全。

(2) 偶合

在试管内混合 1.2g（约 1.3mol，0.01mol）N,N-二甲基苯胺和 1mL 冰醋酸，在不断搅拌下，将此溶液慢慢加到上述冷却的重氮盐溶液中。加完后，继续搅拌 10min，然后慢慢加入 25mL 5％ NaOH 溶液，直至反应物变为橙色，这时反应液呈碱性，粗制的甲基橙呈细粒状沉淀析出。将反应物在沸水浴上加热 5min，冷至室温后，再在冰水浴中冷却，使甲基橙晶体析出完全。抽滤，收集结晶，依次用少量水、乙醇洗涤，再次抽滤，得到橙红色结晶。

若要得到较纯产品，可用溶有少量 NaOH（0.1~0.2g）的沸水（每克粗产物约需 25mL）进行重结晶。待结晶析出完全后，抽滤，沉淀用少量乙醇洗涤，得到橙色的小叶片状甲基橙结晶，产量约 2.5g。

溶解少许甲基橙于水中，加几滴稀盐酸溶液，接着用稀的 NaOH 溶液中和，观察颜色变化。

2.甲基橙解离常数的测定

取 50mL 容量瓶 7 只，分别加入 5.00mL 甲基橙溶液、2mL KCl 溶液。再依次向 7 只容量瓶中分别加入 HCl 及 6 种 pH 的缓冲溶液 2mL，加水稀释至刻度，摇匀。用 pH 酸度计测量每一种溶液的 pH。再以蒸馏水为参比，在分光光度计上扫描各溶液的吸光度，绘制一系列吸收曲线。在加入 $2mol \cdot L^{-1}$ HCl 溶液的待测液的光谱图中找出 λ_{max} 值（$\lambda_{max}=508nm$ 供参考），测定其他溶液在此处的吸光度 A。再按以上方法处理实验数据，求得甲基橙的 pK_a 值。

【注意事项】

1.pH 分别为 2.7、3.0、3.5 的氯乙酸——氯乙酸钠缓冲溶液的配制（总体积 100mL，各物质用量见表 18-1）。

表 18-1 不同 pH 氯乙酸-一氯乙酸钠缓冲溶液的配制

缓冲溶液的 pH	$m(NaOH)/g$	m(氯乙酸)/g
2.7	0.8177	4.7250
3.0	1.1600	4.7250
3.5	1.6272	4.7250

2.pH 分别为 4.0、4.5、6.0 的 CH_3COOH-CH_3COONa 缓冲溶液的配制（总体积 100mL，各物质用量见表 18-2）。

表 18-2 不同 $pHCH_3COOH$-CH_3COONa 缓冲溶液的配制

缓冲溶液的 pH	$m(CH_3COONa)/g$	$V(CH_3COOH)/mL$
4.0	0.6318	2.23
4.5	1.4982	1.67
6.0	3.8888	0.14

3. 对氨基苯磺酸是两性化合物，酸性比碱性强，以酸性内盐存在。

4. 若检验时淀粉-碘化钾试纸不显蓝色，还需补充 $NaNO_2$ 溶液。

5. 在制备重氮盐时，采用冰盐浴往往会析出对氨基苯磺酸的重氮盐。这是因为重氮盐在水中可以电离，形成中性内盐，在低温时难溶于水而形成细小晶体析出。

6. 偶合时，若反应物中含有未作用的 N,N-二甲基苯胺醋酸盐，在加入 25mL 5‰ NaOH 溶液后，就会有难溶于水的 N,N-二甲基苯胺析出，影响产物的纯度。湿的甲基橙在空气中受光的照射后，颜色很快变深，所以一般得紫红色粗产物。

7. 甲基橙重结晶操作应迅速，否则由于产物呈碱性，在温度高时产物易变质，颜色变深。用乙醇洗涤的目的是使其迅速干燥。

8. 甲基橙的另一制法：在 100mL 烧杯中加入 2.1g 磨细的对氨基苯磺酸和 20mL 水，在冰盐浴中冷却至 0℃ 左右，然后加入 0.8g 磨细的 $NaNO_2$，不断搅拌，直到对氨基苯磺酸全溶为止。

在另一试管中加入 1.2g 二甲苯胺（约 1.3mL），使其溶于 15mL 乙醇中，冷却到 0℃ 左右。然后，在不断搅拌下滴加到上述冷却的重氮化溶液中，继续搅拌 2~3min。在搅拌下加入 2~3mL 1mol·L^{-1} NaOH 溶液。

将反应物（产物）在石棉网上加热至全部溶解。先静置冷却，待生成相当多美丽的小叶片状晶体后，再于冰水中冷却，抽滤，产品可用 15~20mL 水重结晶，并用 5mL 乙醇洗涤，以促其快干。产品产量约 2g，呈橙色。用此法制得的甲基橙颜色均一，但产量略低。

9. $2×10^{-4}$ mol·L^{-1} 甲基橙溶液的配制。称取 65.4mg 甲基橙，溶于水后，稀释至 1L。

【思考题】

1. 什么叫偶联反应？试结合本实验讨论一下偶联反应的条件。

2. 在本实验中，制备重氮盐时为什么要把对氨基苯磺酸变成钠盐？本实验如改成下列操作步骤：先将对氨基苯磺酸与盐酸混合，再滴加亚硝酸钠溶液进行重氮化反应，可以吗？为什么？

3. 试解释甲基橙在酸碱介质中的变色原因，并用化学反应方程式表示。基于此原理,再讨论一个可用于酸碱滴定的指示剂分子的变色原理。

4. 测定有机弱酸(或弱碱)的解离常数时,纯酸形、纯碱形的吸收曲线是如何得到的?

5. 若有机酸的酸性太强或太弱时,能否用本法测定?为什么?

实验十九
微波辐射合成和水解乙酰水杨酸

【实验目的】

学习微波合成及有关反应原理和操作技术。

【实验原理】

微波是指电磁波谱中位于远红外线与无线电波之间的电磁辐射,微波能量对材料有很强的穿透力,能对被照射物质产生深层加热作用。对微波加热促进有机反应的机理,目前较为普遍的看法是:极性有机分子接受微波辐射的能量后会发生每秒几十亿次的偶极振动,产生热效应,使分子间的相互碰撞及能量交换次数增加,因而使有机反应速度加快。另外,电磁场对反应分子间行为的直接作用而引起的所谓"非热效应",也是促进有机反应的重要原因。与传统加热法相比,微波加热的反应速度可快几倍至上千倍。目前微波辐射合成已迅速发展为一项新兴的合成技术。

乙酰水杨酸是人们熟悉的解热镇痛、抗风湿类药物,可由水杨酸和乙酸酐合成得到。乙酰水杨酸的合成涉及水杨酸酚羟基的乙酰化和产品重结晶等操作,该合成被作为基本反应和操作练习而编入大学有机化学实验教材中。现行教材中采用酸催化合成法,它存在着相对反应时间长、乙酸酐用量大和副产物多等缺点。本实验将微波辐射技术用于合成和水解乙酰水杨酸并加以回收利用。和传统方法相比,新型实验具有反应时间短、产率高、能耗低以及污染少等特点,体现了新兴技术的运用和对大学化学实验的绿色化改革。微波辐射合成反应的原理如下：

$$\text{水杨酸} + (CH_3CO)_2O \xrightarrow[\text{微波辐射}]{OH^-} \text{乙酰水杨酸} + CH_3COOH$$

$$\text{乙酰水杨酸} \xrightarrow[\text{微波辐射}]{H_2O/OH^-} \text{水杨酸}$$

【仪器与试剂】

仪器：微波炉、电子天平、圆底烧瓶（100mL）、烧杯（250mL）、锥形瓶（100mL）、移液管（5mL）、减压抽滤装置、傅里叶变换红外光谱仪、数显熔点仪、核磁共振波谱仪等。

试剂：水杨酸、乙酸酐、碳酸钠、盐酸、氢氧化钠、95%乙醇、2%$FeCl_3$水溶液、活性炭等。

【实验步骤】

1. 微波辐射碱催化合成乙酰水杨酸

在100mL干燥的圆底烧瓶中加入2.0g（0.014mol）水杨酸和约0.1g碳酸钠，再用移液管加入2.8mL（3.0g，0.029mol）乙酸酐，振荡后放入微波炉中，在微波辐射输出功率495W下，微波辐射20～40s。稍冷，加入20mL pH=3～4的盐酸水溶液，将混合物继续在冷水中冷却使之结晶完全。减压过滤，用少量冷水洗涤结晶2～3次，抽干，得乙酰水杨酸粗产品。粗产品用乙醇-水混合溶剂（95%乙醇与水的体积比为1∶2）约16mL重结晶，干燥，得白色晶状乙酰水杨酸约2.4g，熔点为135～136℃。产品结构还可用2%$FeCl_3$水溶液检验或用傅里叶变换红外光谱仪表征。

2. 微波辐射水解乙酰水杨酸

在100mL锥形瓶中加入2.0g（0.011mol）乙酰水杨酸和40mL 0.3mol·L^{-1} NaOH水溶液，在微波辐射输出功率495W下，微波辐射40s。冷却后，滴加6mol·L^{-1} HCl至pH=2～3，置于冰水浴中令其充分析晶，减压过滤。水杨酸粗产品用蒸馏水重结晶，用活性炭脱色，干燥，得白色针状水杨酸约1.1g（收率80%），熔点为153～156℃。

用数显熔点仪、傅里叶变换红外光谱仪、核磁共振波谱仪等仪器对两种产品进行表征。

【注意事项】

1. 合成乙酰水杨酸的原料水杨酸应当是干燥的，乙酸酐应是新开瓶的。如果乙酸酐打开使用过且已放置较长时间，使用时应当重新蒸馏，收集139～140℃的馏分。

2. 乙酰水杨酸易受热分解，因此熔点不是很明显，它的分解温度为128～135℃，熔点文献值为136℃。测定熔点时，应先将热载体加热至120℃左右，然后再放入样品测定。

3. 不同品牌的家用微波炉的微波条件略有不同。微波条件的选定以使反应温度达80～90℃为原则。使用的微波功率一般选择在450～500W之间，微波辐射时间为20～40s。此外，微波炉不能长时间空载或近似空载操作，否则可能损坏磁控管。

参考文献

[1] 乔佳凡，丁姝，吴书涵，等. "乙酰水杨酸的制备和分析表征"教学实验的优化和改进[J]. 大学化学，2023, 38(12)：228-234.

[2] 田德美. 乙酰水杨酸(阿司匹林)的制备及纯化实验教学研究[J]. 大学化学，2021, 36(2)：127-132.

实验二十
β-环糊精与橙黄Ⅳ超分子包合作用的研究

【实验目的】

1. 熟悉超分子包含作用的概念。
2. 测定环糊精和橙黄Ⅳ的包合比和包合稳定常数。

【实验原理】

超分子化学的概念最先由法国科学家 J. M. Lehn 提出，是化学与生物学、物理学、材料科学、信息科学和环境科学等多门学科交叉构成的边缘科学。当前，超分子化学已经发展成为化学前沿中的一个重要领域，而作为主体分子之一，环糊精及其衍生物已广泛应用于医药、化工、农业、日用品及生物技术等方面。

环糊精（cyclodextrin，CD）是直链淀粉在由芽孢杆菌产生的环糊精葡萄糖基转移酶作用下生成的一系列环状低聚糖的总称，通常含有 6~12 个 D-吡喃葡萄糖单元。其中研究得较多并且具有重要实际意义的是含有 6、7、8 个葡萄糖单元的分子，分别称为 α-CD、β-CD 和 γ-CD。环糊精由于具有特有的疏水空腔结构，因此可与许多客体分子包括有机、无机、生物小分子等形成主-客体包合物，从而改变这些物质的性能。例如：①在食品领域，环糊精可以与亲脂化合物形成包合物，改善客体分子的水溶性，可在果汁中作为褐变抑制剂，保持果汁色泽和香味。环糊精可以包合脂肪酸，用于制备无胆固醇、无过敏原的水包油乳液。②在医药领域，环糊精能增加药物的溶解度，提高药物的稳定性和生物利用度，减少不良反应；环糊精的空腔结构使其可以作为药物的缓释剂，使药物缓慢释放，提高药效。③在化妆品领域，环糊精可以用于化妆品防腐剂和防晒霜的生产，以及香料的包合，提高香料的保香性能。④在分析化学领域，环糊精及其衍生物被用作色谱柱的手性固定相，用于分离和识别化合物。由此可见，环糊精在食品、医药、化妆品、高分子材料、分析化学等多个领域都有重要的应用潜力。

环糊精包合物的形成过程及包合物的稳定性受多种因素的影响，如主、客体分子的立体结构和两者作用力的大小等。环糊精与客体分子之间要存在一定的相互作用力，这样才能为包合物的形成提供驱动力。此外，作用力的大小也决定了包合物的稳定性。目前，已证明环糊精与客体分子之间存在的主要作用力有：范德瓦耳斯力、疏水作用力、静电作用力、偶极力与氢键等。其次，客体分子的形状、大小和疏水性对包合作用也会产生很大影响。

橙黄 Ⅳ（orange Ⅳ），主要用作酸碱指示剂，其变色范围为 pH 1.3（红）~pH 3.2（黄）。也被用于毛、丝及尼龙织品的染色和印花中，能够赋予织物鲜艳的橙黄色调。除了纺织品，它也可以用于皮革和纸张的着色，增加这些材料的颜色深度和视觉吸引力。由于其良好的耐光性和耐久性，橙黄Ⅳ也被用作印刷、绘画和墨水中的颜料。

由于 β-CD 特有的疏水空腔结构，可对橙黄Ⅳ（OY-Ⅳ）的疏水端苯环进行包合。β-CD 和橙黄Ⅳ的包合反应可表示如下：

该包合反应为可逆过程，根据 Benesi-Hildebrand 方程，若主体分子（β-CD）与客体分子（橙黄Ⅳ）形成计量比为 1∶1 的包合物时，则测得的实验数据必然满足下式：

$$\frac{[G]_0}{\Delta A} = \frac{1}{\varepsilon K [CD]_0} + \frac{1}{\varepsilon}$$

式中，$[G]_0$ 为橙黄Ⅳ的初始浓度；ΔA 为加入不同量的 β-CD 后溶液吸光度的变化；K 为包合稳定常数；$[CD]_0$ 为 β-CD 初始浓度；ε 为包合物的摩尔吸光系数。测定加入一系列不同浓度 β-CD 的 ΔA、$[G]_0$ 以及 $[CD]_0$ 代入上式，以 $[G]_0/\Delta A$ 与 $1/[CD]_0$ 作图，若为一直线，说明实验数据满足 Benesi-Hildebrand 方程，则说明在此温度条件下，β-CD 与橙黄Ⅳ形成计量比为 1∶1 的包合物。通过线性拟合得到的斜率和截距值可求出包合稳定常数 K。

【仪器与试剂】

仪器：紫外-可见分光光度计、超声波清洗仪、10mL 比色管 11 支等。

试剂：橙黄Ⅳ、β-CD、pH=1 的 KCl-HCl 溶液等。

【实验步骤】

1.溶液的配制

β-CD 使用前经两次重结晶，并于 60℃真空干燥 12h，然后配成 0.01mol·

L^{-1}的溶液。橙黄Ⅳ配制成 $1.0×10^{-4}$ mol·L^{-1} 的稀溶液备用。

pH=1 的 KCl-HCl 溶液：100mL 0.2mol·L^{-1} 的 KCl 溶液和 194mL 0.2mol·L^{-1} 的 HCl 溶液混合均匀。

2. 验证 β-CD 和橙黄Ⅳ包合物的形成

准确移取 $1.0×10^{-4}$ mol·L^{-1} 的橙黄Ⅳ溶液 2mL 于 10mL 比色管中，再加入 1mL 0.01mol·L^{-1} 的 β-CD 溶液和 pH=1 的 KCl-HCl 溶液 2mL，混匀。再分别移取 $1.0×10^{-4}$ mol·L^{-1} 的橙黄Ⅳ溶液 2mL 和 0.01mol·L^{-1} 的 β-CD 溶液 1mL 于两支 10mL 比色管中，加入 pH=1 的 KCl-HCl 溶液 2mL，混匀。将三支比色管超声 5min，再用水定容至刻度，混匀，室温静置 30min。以水为参比，用双光束紫外-可见分光光度计分别测定橙黄Ⅳ溶液、β-CD 溶液和橙黄Ⅳ与 β-CD 混合溶液的吸光度，并绘制三条紫外-可见吸收曲线，见图 20-1。描述三种溶液的颜色变化以及三条曲线的区别，以判定包合物的形成。

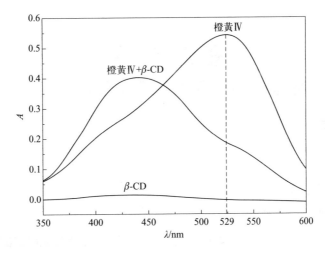

图 20-1　橙黄Ⅳ、β-CD 和橙黄Ⅳ与 β-CD 混合液的紫外-可见吸收光谱图

3. 包合稳定常数和包合比的测定

准确移取 $1.0×10^{-4}$ mol·L^{-1} 的橙黄Ⅳ溶液 2mL 于 8 支 10mL 的比色管中，依次加入 0.01mol·L^{-1} 的 β-CD 溶液 0mL、0.50mL、1.00mL、1.50mL、2.00mL、2.50mL、3.00mL、3.50mL，再加入 pH=1 的 KCl-HCl 溶液 2mL，超声 5min，用水稀释至刻度，混匀，室温静置 30min。在 529nm 处，

测定各溶液体系的吸光度,以 Benesi-Hildebrand 方程为依据,用 Origin 软件作图,求算包合稳定常数 K,据此推测主客体分子的包合比。

【思考题】

1. 如果客体分子疏水端苯环上连有卤素基团,主体分子能否被包合?连有甲基呢?

2. 根据分子的几何尺寸推测水分子能否进入 β-CD 空腔?

3. 为何包合过程需超声 5min?加入橙黄Ⅳ和 β-CD 的溶液为何不先定容再超声?

4. 光谱曲线的形状说明什么?

5. 为何橙黄Ⅳ、β-CD 和 pH=1 的 KCl-HCl 混合溶液的颜色与橙黄Ⅳ中只加入 pH=1 的 KCl-HCl 溶液的颜色不同?

实验二十一
糠醛渣对亚甲基蓝吸附性能的研究

【实验目的】

1. 了解生物质资源如何实现可再生利用。

2. 掌握糠醛渣吸附亚甲基蓝实验的操作方法。

3. 学会利用吸附动力学模型——准一级、准二级及颗粒内扩散动力学方程拟合计算。

【实验原理】

1. 染料废水的处理方法

染料亚甲基蓝(methylene blue,MB)可作为氧化还原指示剂、吸附指示剂和生物染色剂,还原态呈无色,氧化态呈蓝色,可用于酸碱滴定,还可用于棉、腈纶、麻、蚕丝、纸张染色,生物染色及作为药物使用。随着染料工业的迅猛发展,其生产废水已成为当前最主要的水体污染源之一。印染有机污水由于具有污水量大、有机污染物含量高、色度深、碱性大、水质变化频繁等特点，成为目前最难降解的工业废水之一。

目前，针对染料废水的处理方法主要有：①生物降解法。利用微生物对染料分子进行分解和降解。通过调整废水的pH、温度和营养物质的添加量等优化生物降解过程。②光/电解法。利用紫外光、可见光以及电解等方法降解染料。③物理化学法。包括吸附、沉淀、氧化还原、膜分离等。④组合处理法。结合以上几种处理方法对染料废水进行综合处理，以提高处理效果。如先利用生物降解法将染料分子分解为较小分子，再进行物理化学处理。

吸附法由于具有高效、低成本、易操作等优点，成为处理染料废水的有效方法。吸附法的关键在于吸附剂的选择。吸附材料种类很多，最常用的吸附剂为活性炭，因其具有较大的比表面积和丰富的孔隙结构，对水中的有机物和染料都有很好的去除效果，且其价廉易得。文献报道的其他吸附剂有分子筛、大孔树脂、膨润土、高岭土等。另一类引起人们关注的吸附剂材料是生物质，比如以稻草、橘子皮、椰子壳、玉米秆等生物质为原料制备的生物炭、生物质纤维等。

糠醛渣（furfural residue，FR）是生产糠醛后产生的固体废弃物，前期研究发现FR具有较大的比表面积，表面富含各类含氧官能团，以FR为原料制备吸附剂，有明显的优势：不仅产量大，来源广泛，而且价格便宜。把FR用于含染料的废水处理，可以达到以废治废的目的。本实验的目的是利用可再生资源——FR作为吸附剂对染料亚甲基蓝进行吸附，并考察其吸附动力学行为。

2.吸附过程的动力学研究

利用吸附动力学模型研究FR对MB的吸附过程，可以揭示吸附过程中MB分子在吸附剂FR表面的动力学行为和机制，为选择高效的吸附材料以及优化吸附条件等提供一定的理论支持。吸附动力学用来描述吸附剂吸附溶质的速率快慢，通过动力学模型对数据进行拟合，从而探讨其吸附机理。将不同吸附时间段内，FR吸附MB的实验数据分别用准一级吸附动力学方程、准二级吸附动力学方程以及颗粒内扩散动力学方程进行线性回归，根据吸附动力学方程求出不同的动力学速率常数和相关系数，依据相关系数的大小，可以判定吸附过程符合哪一种吸附动力学模型。

吸附剂 FR 对 MB 的去除率和吸附量计算见式（21-1）、式（21-2），准一级、准二级和颗粒内扩散动力学方程见式（21-3）～式（21-5）。

$$E=[(c_0-c_e)\times 100\%]/c_0 \qquad (21\text{-}1)$$

$$q_e=(c_0-c_e)V/m \qquad (21\text{-}2)$$

$$\log(q_e-q_t)=\log q_e-(k_1 t)/2.303 \qquad (21\text{-}3)$$

$$t/q_t=1/(k_2 q_e^2)+t/q_e \qquad (21\text{-}4)$$

$$q_t=k_{id}t^{1/2}+C \qquad (21\text{-}5)$$

式中，E 为染料的去除率；c_0 和 c_e 分别为起始及达动态平衡时染料的浓度；q_e 和 q_t 为吸附到达动态平衡和一定吸附时间 t（min）时，每克吸附剂 FR 吸附 MB 的量，$mg\cdot g^{-1}$；k_1 为准一级动力学方程的速率常数，min^{-1}；k_2 为准二级动力学方程的速率常数，$g\cdot mg^{-1}\cdot min^{-1}$；$k_{id}$ 为颗粒内扩散速率常数，$mg\cdot mg^{-1}\cdot min^{-1}$；$C$ 为边界层厚度。

【仪器与试剂】

仪器：双光束紫外-可见分光光度计、水浴恒温振荡器、锥形瓶（50mL）、烧杯（50mL）、比色管（10mL）、吸量管（10mL）等。

试剂：亚甲基蓝（$50mg\cdot L^{-1}$，$10mg\cdot L^{-1}$）、糠醛渣（60～80 目）等。

【实验步骤】

1. 亚甲基蓝标准曲线的绘制

分别移取一定浓度的 MB 溶液（$50mg\cdot L^{-1}$）于 10mL 比色管中，加水定容至 10mL，使浓度分别为 $1mg\cdot L^{-1}$、$2mg\cdot L^{-1}$、$3mg\cdot L^{-1}$、$4mg\cdot L^{-1}$、$5mg\cdot L^{-1}$（吸光度 $A=0.2\sim 0.8$），取中间浓度的溶液用双光束紫外-可见分光光度计找最大吸收波长 λ_{max}，之后测定各浓度溶液于最大吸收波长处的吸光度并绘制标准曲线，求得线性方程和 R^2（一大组同学只配一组标准溶液）。

2. 吸附实验

每小组准确称取（0.0500 ± 0.0005）g 的 FR 于 5 个 50mL 锥形瓶中，再准确移入 15.00mL $50mg\cdot L^{-1}$ 的 MB 溶液，混匀后，放入水浴恒温振荡器中，室温下，以一定速度振荡 15min、30min、60min、90min、120min 后，迅速用折叠好的菊花滤纸过滤，在 MB 的 λ_{max} 处，以水为参比，测定滤液中 MB 的吸光

度 A。依据线性方程，计算 MB 的去除率和 FR 对 MB 的吸附量 q_t($mg \cdot g^{-1}$)。

再将不同时间点的吸附量 q_t 代入不同的动力学方程，进行线性拟合，求出不同的动力学速率常数和相应的 R^2。需要注意的是，对于准一级动力学方程而言，120min 时认为吸附达到平衡，此时的 q_t 数值为 q_e($mg \cdot g^{-1}$)，代入准一级动力学方程，进行线性拟合。

3.空白对照实验

由于 FR 即使经过洗涤干燥等预处理后，仍然有浅黄色，尤其是随着时间的延长，颜色加深，这对测定 MB 的吸光度有干扰，因此必须做一组不同时间点（以相同速度振荡 15min、30min、60min、90min、120min）的吸附剂空白，过滤后的滤液以水为参比，测定吸光度。

FR 吸附 MB 的吸光度数值在代入标准曲线方程进行计算时，一定要扣除相应时间点的空白，否则会产生较大误差。

【数据处理】

1.根据上述相关方程计算出吸附率和吸附量，要有计算过程。

2.吸附数据分别代入式（21-3）、式（21-4）、式（21-5）进行线性拟合，由线性相关系数 R^2 推断吸附过程更符合哪个动力学方程，详细列出计算步骤并给出结论。

【注意事项】

1.亚甲基蓝标准曲线方程的线性相关系数 R^2 不能低于 0.9900。

2.在振荡吸附的同时，必须提前折好菊花滤纸备用。

3.当 FR 中加入 MB 溶液时，由于 FR 比较轻，会浮于液面上，稍微加以振荡，再放入恒温振荡器中。

4.恒温振荡器在使用前，必须要熟知使用方法和注意事项。

5.双光束紫外-可见分光光度计在使用前，必须要熟知使用方法和注意事项。

【思考题】

1.如果糠醛渣称量不准确会对实验数据有何影响？如果移取亚甲基蓝溶液的锥形瓶洗净后未干燥，会对测定结果有何影响？

2.本次实验测定的对亚甲基蓝吸附的数据最符合哪种动力学方程模型？如

何判断?

3.如何通过亚甲基蓝标准曲线方程得到不同时间点的糠醛渣的吸附量?

实验二十二
氧载体模拟配合物 [Co(Ⅱ)Salen] 的制备、表征和载氧的作用

【实验目的】

1.通过 [Co(Ⅱ)Salen] 配合物的制备掌握合成化学中的一些基本操作技术。

2.通过模型配合物 [Co(Ⅱ)Salen] 的吸氧测量和放氧观察,了解载氧作用机制。

【实验原理】

20世纪70年代初,科学家在生物学领域的研究发展到了分子水平,一些生物化学家开始认识到,生物体内的金属离子与蛋白质和核酸等生物大分子可以形成配合物,其不仅影响蛋白质和核酸的结构和功能,而且在调节生物体的各种生命活动中发挥着关键作用。因此越来越多地应用到无机化学的理论和技术;此外,无机化学家也逐渐重视生物体系中的无机化学研究,从而大大促进了彼此间的相互渗透,自然地形成了一门崭新的学科——生物无机化学。

生物无机化学作为一门新兴的学科,目前还处于蓬勃发展的阶段。生物无机化学是应用无机化学的方法和理论,研究生物体系中金属及其痕量元素化合物与生物体系(及模型体系)的相互作用。其主要目的是探索金属离子与机体内生物大分子相互作用的规律。因为这些物质直接参与生物体的新陈代谢、生长发育和繁殖,因此可以认为生物无机化学是在分子水平上研究和探讨生命的现象、起源和进化的学科。

生物无机化学涉及的范围极为广泛,金属蛋白和金属酶的结构、性质及其

模拟的研究是其中的重要内容。人体必需的金属元素绝大多数与金属蛋白有关,金属离子使金属蛋白具有各种生物活性,推动、调节、控制各种生命过程。金属蛋白和金属酶表现出的生物活性虽然与金属离子有关,但金属离子脱离了蛋白质,在生理条件下,也不能表现出生物活性。生物无机化学通过研究金属蛋白中含金属离子胍键合位置和活性中心周围环境的结构、蛋白质链在保证金属离子正常工作中所做的贡献,以及它们与底物的键合方式等,阐明金属离子在蛋白质影响下的工作情况。其研究方法大致有以下两种:

一种是通过研究不同结构的模拟物和修饰物的活性差异,总结结构与功能的关系及其影响因素,进而寻找具有类似活性的合成物质以代替天然酶用于医药、工农业生产。另一种是将天然酶和金属蛋白当作配合物来研究。在一些比较简单的无机配合物中可以观察到类似金属蛋白(氧载体)的吸氧、放氧现象,这些简单的无机配合物已广泛地被用作研究载氧体的模拟化合物。其中研究得较多的是钴配合物,如双水杨醛缩乙二胺合钴[Co(Ⅱ)Salen](见图22-1)。

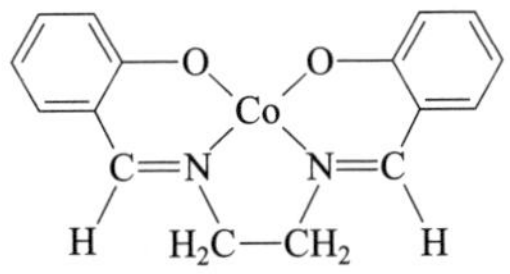

图 22-1 Co(Ⅱ)Salen 配合物的结构式

从钴配合物的载氧作用研究中发现,Co(Ⅱ)Salen 配合物与氧的结合可以有两种不同的类型:

$$CoL_n + O_2 \rightleftharpoons L_nCoO_2$$

$$2CoL_n + O_2 \rightleftharpoons L_nCo\text{-}O_2\text{-}CoL_n$$

由于配体 L 的性质、反应温度、使用溶剂等条件的不同,Co 与 O_2 的物质的量之比可以是 1∶1 或 2∶1。

本实验以 [Co(Ⅱ)Salen] 为例来观察配合物的吸氧和放氧作用。在不同的制备条件下,可以得到两种不同固体形态的 [Co(Ⅱ)Salen]配合物:一种是棕褐色黏状产物(活性型),在室温下能迅速吸收氧气;另一种是暗红色晶体(非活性型),在室温下稳定,不吸收氧气。它们的结构如图 22-2 所示。

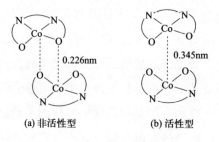

图 22-2 [Co(Ⅱ)Salen]配合物的结构式

由图 22-2 可见，活性型[Co(Ⅱ)Salen]配合物是一个双聚体，其中一个[Co(Ⅱ)Salen]分子中的 Co 原子与另一个分子中的 O 原子相结合。活性型[Co(Ⅱ)Salen]配合物在室温下能吸氧，而在高温下放出氧气，这种循环作用可进行多次，但配合物的载氧能力随着循环的进行而不断降低。

非活性型[Co(Ⅱ)Salen]配合物在某些溶剂（L）中，例如二甲基亚砜（DMSO）、N,N-二甲基甲酰胺（DMF）、吡啶（Py）等，能与溶剂配位而转化为活性型，后者能迅速吸氧而形成一种 2∶1 的加合物 $\{[Co(Ⅱ)Salen]_2(DMF)_2L_2O_2\}$。其结构如图 22-3 所示。

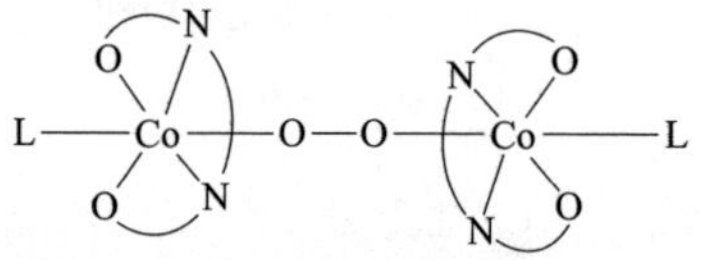

图 22-3 2∶1 加合物的结构式

在 DMF 溶剂中所形成的氧加合物[Co(Ⅱ)Salen]$_2$(DMF)$_2$O$_2$ 是细颗粒状的暗褐色沉淀，不易过滤，可用离心分离法得到暗褐色沉淀，加合物中 Co 和 O 的物质的量之比可用气体容积量法测定。

[Co(Ⅱ)Salen]$_2$(DMF)$_2$O$_2$ 加合物加入弱电子给予体氯仿或苯后，将慢慢溶解，不断放出细小的氧气流，并产生暗红色的[Co(Ⅱ)Salen]溶液。

$$[Co(Ⅱ)Salen]_2(DMF)_2O_2 \xrightarrow{CHCl_3} 2[Co(Ⅱ)Salen] + O_2 + 2DMF$$

【仪器与试剂】

仪器：三口烧瓶、恒压滴液漏斗、磁力加热搅拌器、具支试管、烧杯、回流冷凝管、量气管、水准调节器、试管、电导率仪、红外光谱仪、紫外-可见分光光度计、离心机、氮气袋、量筒（100mL）、真空干燥箱、氧气袋、刻度移液管（2mL，1支）、离心管（5mL，2支）等。

试剂：水杨醛、醋酸钴、DMF、乙二胺、95％乙醇、氯仿、甲醇等。

【实验步骤】

1. 非活性[Co(Ⅱ)Salen]的制备

制备装置如图 22-4（a）所示。在 250mL 三口烧瓶中加入 40mL 95％乙醇，再移入 0.8mL 水杨醛。在磁力搅拌下，注入 0.35mL $w=70\%$ 的乙二胺，让其反应 4～5min，此时生成亮黄色的双水杨醛缩乙二胺片状晶体。然后向三口烧瓶中通入氮气排尽装置中的空气，再调节氮气流速使速度稳定在每秒一个气泡，这时使冷却水进入冷凝管，并开始加热水浴使温度保持在 60～65℃。溶解 0.95g 醋酸钴于 7.5mL 热水中，在亮黄色片状晶体全部溶解后，把醋酸钴溶液通过恒压滴液漏斗缓慢滴入三口烧瓶中，立即生成棕色的胶状沉淀。在 60～65℃时搅拌 1h，在这段时间内棕色沉淀物慢慢转为暗红色晶体，移去水浴用冷水冷却反应瓶，再中止氮气流。抽滤晶体产品，并用 2.5mL 水洗涤三次，然后用 2.5mL 95％的乙醇溶液洗涤，在真空干燥箱中干燥产品，称重并计算产率。

2. [Co(Ⅱ)Salen]配合物的表征

（1）将［Co(Ⅱ)Salen］配合物分别配制成 1×10^{-3} mol·L^{-1}、2×10^{-3} mol·L^{-1} 的甲醇溶液，测定其电导率。

（2）测定配合物的红外光谱。

（3）测定配合物的紫外可见吸收光谱（氯仿溶液，浓度为 5×10^{-5} mol·L^{-1}）。

3. [Co(Ⅱ)Salen]配合物的吸氧测定

吸氧装置见图 22-4（b）。首先检查吸氧装置是否漏气，打开三通旋塞 2 使试管只与量气管相通，把水准调节器下移一段距离，并固定在一定的位置。如果量气管中的液面在开始时稍有下降，以后即维持恒定，这表明装置不漏气；如果液面继续下降则表明装置漏气。这时应检查各接口处是否密闭，经检查和调整后再重复试验，直至不漏气为止。

然后将5～8mL（DMF）（或DMSO）放进具支试管中，在小试管中准确称取0.05～0.1g[Co(Ⅱ)Salen]配合物，用镊子小心地把小试管放进具支试管中，注意此时不能让DMF进入小试管。随后使氧气进入具支试管，赶去装置中的空气并使整个装置中充满氧气后，关闭旋塞使氧气停止通入。调节水准器的液面，使其与量气管内液面在同一水平，这时装置内的压力与大气压力相等，读出量气管中液面的刻度读数。再小心地倒转具支试管使DMF进入小试管，并经常摇动具支试管（用试管夹操作减少热量传递），一直到量气管中液面不再变化为止（20～30min），在不同时间段（每隔3～5min）读出量气管中液面的刻度读数，并记录当时的室温和大气压力。

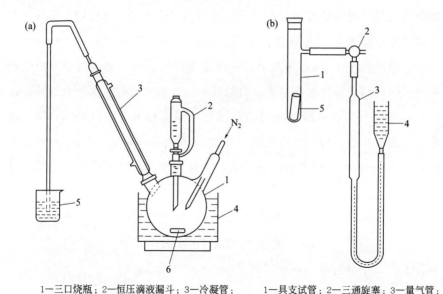

1—三口烧瓶；2—恒压滴液漏斗；3—冷凝管； 1—具支试管；2—三通旋塞；3—量气管；
4—水浴装置；5—水封；6—磁子 4—水准调节器；5—小试管

图22-4 制备装置（a）及吸氧装置（b）

4.加合物在氯仿中反应的观察

把上述中经气体测量后的氧加合物$[Co(Ⅱ)Salen]_2(DMF)_2O_2$转移到两个离心试管中，使这两个离心试管保持质量平衡；然后在离心机上离心分离使沉淀沉积在离心管底部，小心除去上层溶液，得到暗褐色的加合物固体并保留在离心管底部，沿管壁注入5mL氯仿，不要摇动或搅动，细心观察管内所发生的现象。

【实验结果和讨论】

1. [Co(Ⅱ)Salen]配合物的吸氧体积

量气管起始读数/mL	量气管终读数/mL			吸氧体积/mL			平均体积/mL
	1	2	3	1	2	3	

室温：_____K；大气压：_____Pa；室温时水的饱和蒸气压：_____Pa。

2. O_2 与[Co(Ⅱ)Salen]物质的量之比的计算

[Co(Ⅱ)Salen] 的物质的量 n_1：

$$n_1 = m/M$$

式中，m 为[Co(Ⅱ)Salen]配合物的质量；M 为[Co(Ⅱ)Salen]的摩尔质量（325 g·mol^{-1}）。

O_2 的物质的量 n_2。由理想气体状态方程 $PV=nRT$，测得一定温度和压力下吸收氧气的体积，就可以求出 O_2 的物质的量 n_2：

$$n_2 = (P - P_{H_2O})V/(RT)$$

式中，P 为气体的压强，单位是 Pa；P_{H_2O} 表示水的饱和蒸气压，单位是 Pa；V 是气体的体积，单位是 m^3；n 为气体物质的量，单位是 mol；R 是气体常数，为 8.314 J·mol^{-1}K^{-1}；T 是气体的绝对温度，单位为 K。

由 n_1 和 n_2 即可求得 O_2 与[Co(Ⅱ)Salen]的物质的量之比。

3. 观察并解释加合物在氯仿中的现象，并用反应方程式表示。

【思考题】

1. 在制备[Co(Ⅱ)Salen]配合物过程中通氮气起何作用？
2. 说明配合物[Co(Ⅱ)Salen]的吸氧和放氧过程，并用反应方程式表示。
3. [Co(Ⅱ)Salen]配合物在溶剂 DMF 和 CHCl$_3$ 中有两种性质截然不同的吸氧和放氧作用，试从溶剂性质角度来解释其所起的作用。

实验二十三
红辣椒中红色素的提取和分离

【实验目的】

1. 掌握薄层色谱法和柱色谱法分离红色素的基本原理和操作方法。
2. 巩固回流和蒸馏的基本操作。

【实验原理】

红辣椒中的红色素主要是辣椒红色素,这是一种从成熟红辣椒果实中提取的四萜类天然色素,属于类胡萝卜素。辣椒红色素的主要成分有辣椒红、辣椒红的脂肪酸酯和辣椒玉红素(结构式见图 23-1～图 23-3),其中辣椒红和辣椒玉红素两种成分占总量的 50%～60%。此外,辣椒红色素中还含有其他类胡萝卜素,如 β-胡萝卜素(见图 23-4)、叶黄素、玉米黄质等,这些成分共同赋予了红辣椒独特的红色。辣椒红色素不仅色泽鲜艳,色价高,着色力强,保色效果好,可以有效地延长食品的货架期,而且安全性高,具有营养保健作用,并被现代科学证明有抗癌功能。

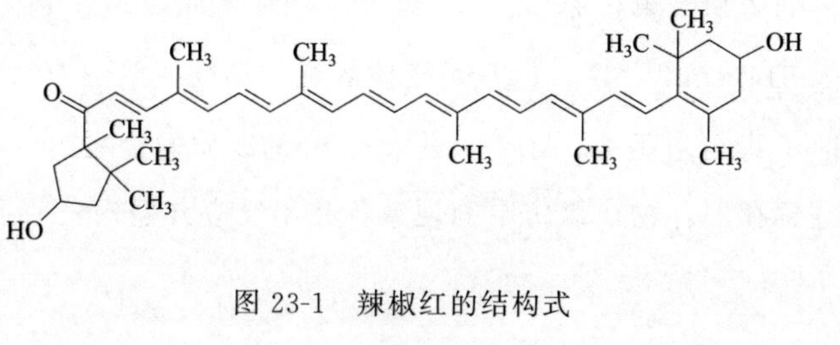

图 23-1 辣椒红的结构式

从红辣椒中提取辣椒红色素的方法有多种,包括溶剂提取法、超声波提取法和超临界流体萃取法等。溶剂提取法是较为常用的方法,其操作步骤为:将成熟的红辣椒粉末与有机溶剂如乙醇、丙酮等混合,通过索氏提取器提取辣椒

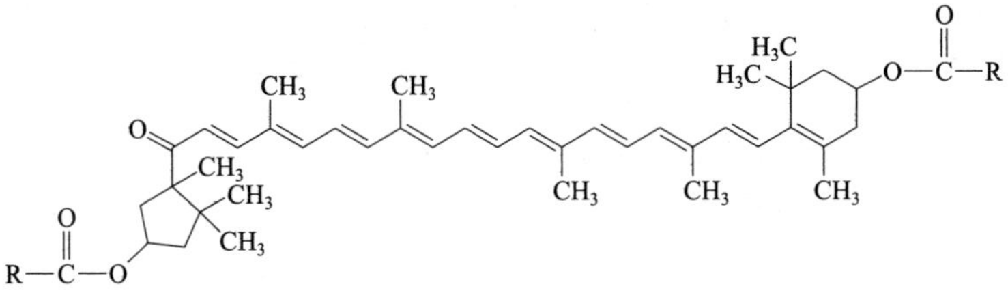

图 23-2 辣椒红的脂肪酸酯（R＝3 个或更多碳的链）的结构式

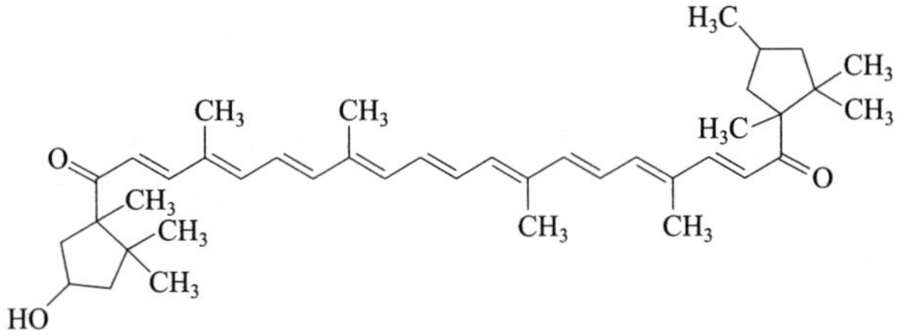

图 23-3 辣椒玉红素的结构式

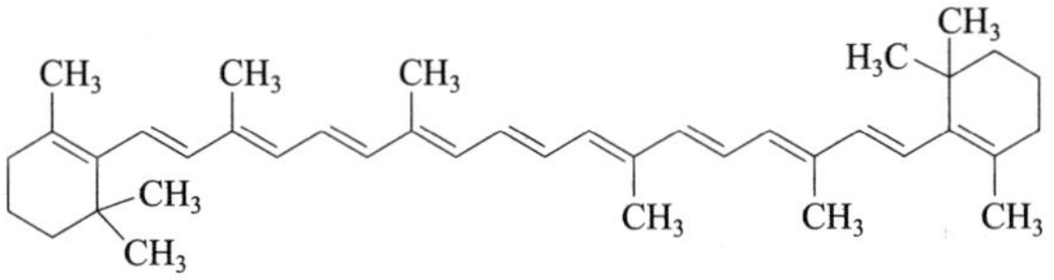

图 23-4 β-胡萝卜素的结构式

红色素混合物，然后通过蒸馏浓缩、薄层色谱或者柱色谱法分离纯化获得不同的辣椒色素。溶剂提取法的主要优点是不需要使用特殊的仪器设备，且操作方法简单易行，很多实验室都可以实现，使用成本较低。缺点是溶剂消耗量大，耗时也较长。超声波提取法则是依据超声的空化效应、热效应和机械作用。当大能量的超声波作用于介质时，介质被分裂成许多小空穴，这些小空穴瞬时闭合，并产生高达几千个大气压的瞬间压力，即空化现象，从而加速组分中有效物质的释放、扩散和溶解，显著提高提取效率。超临界流体萃取法是利用如二氧化碳、乙烯、氨等气体作为流体，在临界点附近，超临界流体对组分的溶解能力随体系的压力和温度的变化而发生连续变化，从而可方便地调节组分的溶解度和溶剂的选择性。该方法适合提取分离挥发性物质及含热敏性组分的物质。超临界流体萃取法具有物料无相变过程，因而具有节能明显、工艺流程简单、萃取效率高、无有机溶剂残留、产品质量好、无环境污染的优点。但是也有其局限性：二氧化碳-超临界流体萃取法较适合于亲脂性、分子量较小的物质的萃取；超临界流体萃取法设备属高压设备，投资较大。本实验可采用普通蒸馏法或者溶剂提取法提取辣椒红色素。

【仪器与试剂】

仪器：紫外-可见分光光度计、烘箱、电热套、圆底烧瓶（50mL、100mL）、回流冷凝管、索氏提取器、玻璃板、小烧杯、小漏斗、毛细管、色谱柱、干燥器等。

试剂：干红辣椒粉末、丙酮、石油醚、硅胶 G、硅胶 H（15g）、石英砂、脱脂棉等。

【实验步骤】

1. 薄层色谱板的制备

在小烧杯中将 20g 硅胶按 $m_{水}:m_{硅胶}=3:1$ 与水混合，均匀地涂于 4cm×20cm 干净的玻璃板上，晾干，置于 105～110℃ 烘箱中活化 1h，取出放入干燥器中待用。

2. 普通蒸馏法

安装好加热回流装置，称取 1.0g 红辣椒粉放入 50mL 圆底烧瓶中，加入 20mL 丙酮，加入沸石，打开冷却水，加热回流 30min 后，冷至室温，用塞有脱脂棉的小漏斗过滤除去辣椒渣；再安装蒸馏装置，蒸馏回收丙酮，得到浓缩的辣椒红色素提取液。

3. 索氏提取法

将 1.0g 红辣椒粉用直径是 12.5cm 的滤纸包好形成滤纸筒，放入索氏提取器中。下端的烧瓶内加入 50mL 丙酮和几粒沸石，连接好烧瓶、索氏提取器、回流冷凝管部件，确保连接紧密无泄漏，并且接通冷凝水，用电热套加热回流。当丙酮蒸气缓慢进入冷凝管后冷凝成液体，回流到滤纸筒中，开始浸取辣椒粉样品；当溶剂在索氏提取器内到达一定高度时，携带所提取的色素一同从侧面的虹吸管流入烧瓶中，完成一次虹吸。虹吸 5 次后，冷至室温，改为蒸馏装置，蒸馏回收丙酮，得到浓缩的辣椒红色素提取液。

4. 将 $V_{丙酮}:V_{石油醚}=1:4$ 的展开剂 8～10mL 加入展开瓶中，用毛细管在已制好的色谱板上点样，待晾干后，放入瓶中进行展开，出现较多不同颜色的斑点，计算 R_f。然后将斑点较大、颜色较深的色素刮下来，收集并用丙酮分别萃取，经过滤后得色素的样品，测定紫外-可见吸收光谱曲线。

5. 柱色谱法分离

在 ϕ10mm×200mm 色谱柱中，以体积比为 1∶5 的丙酮-石油醚混合溶剂为洗脱剂，湿法装填硅胶 H 至柱高为 150mm。待柱上端加入粗辣椒色素浓缩液后，用丙酮-石油醚混合溶剂淋洗。柱上逐渐分离出黄、红、深红三条环状色带。按颜色收集三个流出组分，取样测定紫外-可见吸收光谱。浓缩得到三个组分的样品。最后将有机溶剂倒入待回收瓶中，重新蒸馏后可循环利用。

【注意事项】

1. 索氏提取器外壁的虹吸回流管很容易破损，在实验操作中应小心谨慎。

2. 装有辣椒粉的滤纸筒高度不能超过回流弯管，否则溶剂不易渗透到全部样品中，造成提取效率降低。

3. 包有辣椒粉的滤纸筒不能堵塞虹吸管，否则提取液无法虹吸流入下端的提取瓶。

4. 决定索氏提取效率的因素除了提取溶剂外，还有提取溶剂的回流次数（或者提取时间），回流次数越多，辣椒红色素提取得越完全。

5. 实验中所使用的索氏提取器容量不宜过大，否则会影响提取效率，使得提取耗时过长。

6. 由于薄层色谱板上收集的色素样品量太少，为了能进行紫外-可见吸收光谱的测定，必须要点多个样点。

【思考题】

1. 简述薄层色谱法的基本原理和操作要点。
2. 柱色谱主要分为哪两类？
3. 试比较普通蒸馏法和溶剂提取法的优缺点。

附：柱色谱法技术要点

极性小的样品分离用乙酸乙酯-石油醚的混合溶剂，极性较大的用甲醇-氯仿混合溶剂，极性大的用甲醇-水-正丁醇-醋酸混合溶剂；如果样点有拖尾现象可以加入少量氨水或冰醋酸。

1. 称量

称取待分离样品量 30～70 倍的柱色谱硅胶，如果极难分离，可用 100 倍量的硅胶。

2. 搅成匀浆

加入洗脱剂中极性最小的溶剂，如果洗脱剂为乙酸乙酯-石油醚体系，就用石油醚作溶剂，溶剂体积约为干硅胶体积的 2 倍。用玻璃棒充分搅拌，排出气泡，形成匀浆。

3. 湿法装柱

将色谱柱固定于铁架台上，关闭旋塞，预先加入洗脱剂石油醚至柱体积的 1/4，用干净的玻璃棒将少量脱脂棉推入柱底狭窄部位，再通过干燥的小漏斗加入少量石英砂（约一勺），使之铺在脱脂棉上形成约 5mm 厚的均匀层面，或者使用下端带砂芯的色谱柱。柱下端接上锥形瓶，打开柱下活塞，调节流速为 1 滴/s，通过漏斗将匀浆在搅拌下缓缓倾入柱内。并用橡胶棒轻敲柱身，使填充剂在洗脱剂中均匀沉降，形成紧密的吸附柱。再用流出的石油醚将小烧杯中的硅胶转移至色谱柱中，随着硅胶的沉降，会有少量硅胶沾在柱内壁上，用石油醚将其冲入柱中。待所有的硅胶都沉降完毕后，使柱上方硅胶层面平整并且留有约 5cm 的石油醚，此时关闭活塞，通过干燥的小漏斗加入一勺石英砂（防止加样时，冲起硅胶层面，影响分离效果）。装完的柱子应该要适度紧密（如果填装太紧实，淋洗剂移动太慢），且一定要均匀（否则样品就会从一侧斜着被洗脱下来）。在大多数情况下，有些微小气泡影响不大，一加压气泡就会全下来。

4. 加样

待石油醚进入石英砂层后，关闭色谱柱，将浓缩后的样品用滴管沿管壁均匀地加到柱内。加完后，用少量的石油醚冲洗容器再加到柱中，再用少量石油醚把管内壁的样品淋洗下去。打开活塞使样品液面到石英砂面时，再用少量的乙酸乙酯-石油醚淋洗。注意流速不宜过快（1 滴/s），少量多次地加洗脱剂，至样品被吸附于硅胶层时，再加入大量的溶剂，直至分离的色带液分别流出为止。每个色带用不同的锥形瓶接或者用小试管接，色带之间的过渡区域最好再换一个接收瓶。然后通过薄层色谱法确定每个接收瓶内的样品是否为混合样或者单一分离样，再进行合并或者再分离纯化。注意：在洗脱过程中始终保持有溶剂覆盖硅胶层。

柱子可以分为加压柱、常压柱、减压柱。

压力可以增加淋洗剂的流动速度，减少产品收集的时间，但是会降低柱子的塔板数。所以其他条件相同时，常压柱效率最高，但是时间也最长，比如用于天然化合物的分离。减压柱能够减少硅胶的使用量，但是由于大量的空气通过硅胶会使溶剂挥发（有时在柱子外面有水汽凝结），以及有些比较易分解的组分可能得不到，而且还必须同时使用水泵抽气（噪声很大，而且时间长）。

色谱柱越长，相应的塔板数就越高。色谱柱越粗，样品层比较薄，这样相对减小了分离的难度（但是需耗费比较多的硅胶和溶剂）。

实验二十四
从肉桂皮中提取肉桂油及其主要成分的鉴定

【实验目的】

1. 学习从天然产物中提取有效成分的一般方法。
2. 熟悉衍生物法、色谱法和红外光谱法在化合物鉴定中的作用。

【实验原理】

许多植物具有独特的令人愉快的气味，植物的这种香气是由植物所含的香精油所致。工业上重要的香精油已有200多种，例如杏仁油、茴香油、丁子香油、蒜油、玫瑰油、茉莉油、薄荷油、肉桂油等。香精油存在于许多植物的根、茎、叶、籽和花中，大部分是易挥发性物质，因此可以用水蒸馏的方法加蒸汽以促进分离，其他的分离方法还有萃取法和榨取法等。

肉桂树皮中香精油的主要成分是肉桂醛(反-3-苯基丙烯醛)。肉桂醛的沸点为252℃，为略带浅黄色油状液体，难溶于水，易溶于苯、丙酮、乙醇、氯仿、四氯化碳等有机溶剂。肉桂醛易被氧化，长期放置会被空气中的氧气慢慢氧化成肉桂酸。

由于肉桂醛难溶于水，是芳香族化合物，能随水蒸气蒸发，因此本实验将采用水蒸气蒸馏的方法对其进行提取，然后利用肉桂醛具有加成和氧化的性质进行肉桂醛官能团的定性鉴定。

色谱法是分离、纯化和鉴定有机化合物的重要方法之一，在条件完全一致的情况下，纯的有机物在薄层色谱中呈现一定的移动距离，具有一定的比移值（R_f 值）。本实验选用肉桂皮水蒸馏液和肉桂醛样品对照试验，计算 R_f 值，作为鉴定肉桂油主要组成成分的依据。

肉桂油也可用红外光谱仪进一步进行定性鉴定。

制备衍生物是鉴定有机化合物未知样品经常使用的方法。经官能团定性分析，可以推测有机物的类型及其存在的官能团，再进一步制备样品的衍生物。因衍生物一般是具有一定熔点的固体结晶，与已知化合物的衍生物进行比较，可以确定样品为何种化合物。肉桂醛与苯肼反应生成肉桂醛苯腙的反应方程式如下：

$$\text{Ph-CH=CH-CHO} + \text{H}_2\text{N-NH-Ph} \longrightarrow \text{Ph-CH=CH-CH=N-NH-Ph}$$

肉桂醛苯腙为黄色结晶，熔点为 168℃（文献值）。

【仪器与试剂】

仪器：水蒸气蒸馏装置、圆底烧瓶（50mL、250mL）、量筒（100mL）、分液漏斗、刻度试管、烧杯、锥形瓶（50mL）、循环水式真空泵、抽滤装置、具支试管、展开瓶（内径5.5cm，高12cm）、毛细管、玻璃板（3cm×10cm）、研钵、温度计（200℃）、数显熔点仪、喷雾器、电热套、试管、漏斗等。

试剂：CH_2Cl_2、CCl_4、Na_2SO_4（无水）、CH_3OH，2,4-二硝基苯肼、乙酸乙酯、浓 H_2SO_4、Br_2-CCl_4 溶液（3%）、液体石蜡、$KMnO_4$ 溶液（0.5%）、$AgNO_3$ 溶液（5%）、$NaOH$ 溶液（10%）、浓 $NH_3 \cdot H_2O$、HNO_3（5%）、石油醚（沸点为90~120℃）。肉桂皮粉、硅胶G、沸石等。

Tollens 试剂的配制：将 1.7g 硝酸银溶解于 100mL 水中，再向硝酸银溶液中逐滴加入氨水，同时搅拌，先形成白色的 AgOH 沉淀，继续加入氨水至沉淀溶解，形成无色的银氨溶液（$[Ag(NH_3)_2]^+$）。

【实验步骤】

1.肉桂油的提取

按图 24-1 安装好水蒸气蒸馏装置，在水蒸气发生器的烧瓶中加入 150mL 热水和几粒沸石，在蒸馏瓶中加入 15g 研细的肉桂皮粉和 50mL 热水，然后开始水蒸气蒸馏。肉桂油与水的混合物以乳浊液形式流出，当馏出液澄清透明时，蒸馏完毕，可收集 80～100mL 馏出液。

将馏出液转移到分液漏斗中，用 20mL CH_2Cl_2 分两次萃取，弃去上层的 H_2O 层，将 CH_2Cl_2 层移至 50mL 锥形瓶中，加少量无水 Na_2SO_4，干燥 30min 后过滤出溶液，在通风橱内用蒸汽浴加热蒸去大部分溶剂，将浓缩液移入已称量的干燥刻度试管中，继续在蒸汽浴上蒸馏至完全除去 CH_2Cl_2 为止。擦干试管，称量，计算肉桂油的提取率。

图 24-1 水蒸气蒸馏装置

2.肉桂油的性质检验

(1) 取 2 滴肉桂油于试管中，加入 1mL 2,4-二硝基苯肼试剂，水浴加热，观察有无橘红色沉淀生成。

(2) 取 2 滴肉桂油于试管中，加入自制的 Tollens 试剂，水浴加热观察有无银镜产生。

(3) 取 2 滴肉桂油于试管中，加入 1mL CCl_4，再滴加 3% Br_2-CCl_4 溶液，观察溴的红棕色是否褪去。

(4) 取 1 滴肉桂油于试管中，加入 4～5 滴 0.5% $KMnO_4$ 溶液，边加边振荡试管，并注意观察溶液的变化；在水浴上稍温热，观察有无棕黑色沉淀生成。

3.肉桂油的薄层色谱法分析

(1) 薄层色谱板的制备

按照实验二十三中的方法制备薄层色谱板。

(2) 点样

距薄层色谱板一端约1cm处作为起点线，用一根内径约1mm管口平整的毛细管，取肉桂皮水蒸馏石油醚萃取液样品，于起点线上轻轻接触薄层色谱板点样，再用另一根毛细管吸取试剂肉桂醛水蒸气蒸馏液样品点样，两点相距1cm。待样品溶剂挥发后，再在原处重复1~2次，点样斑点直径一般不超过2mm。

(3) 展开

以10mL 2：8的乙酸乙酯-石油醚为展开剂。按薄层色谱分离菠菜叶绿色素的操作步骤，将薄层板展开。

(4) 显色

薄层色谱板自然晾干后，用盛有2,4-二硝基苯肼溶液的喷雾器对准薄层色谱板喷雾显色。可见两个等高度的浅黄色斑点出现，稍放置后，斑点变为橘黄色。

(5) 计算肉桂醛的 R_f 值

4.肉桂油的红外光谱法分析

取0.1mL肉桂油，测其红外光谱，将结果与图24-2的标准谱图对照，看是否一致并解释光谱图中的主要特征峰。

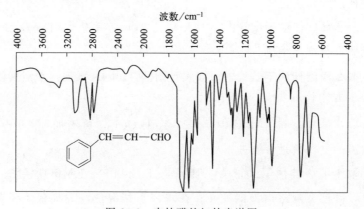

图24-2　肉桂醛的红外光谱图

5.肉桂醛衍生物的制备

取 0.1mL 肉桂油溶于 1mL CH_3OH 中,另取 0.1g 2,4-二硝基苯肼溶于 5mL CH_3OH 中,再小心地加入 0.2～0.3mL 浓 H_2SO_4,温热使其完全溶解。再将肉桂油的甲醇溶液加入其中,温热 10min,使其产生结晶。将所得结晶抽滤,并用少量 CH_3OH 洗涤结晶 2～3 次,再用少量乙酸乙酯重结晶,收集重结晶后所得产物,烘干,测其熔点,与所给文献数据对比。

【注意事项】

1.水蒸气蒸馏时,肉桂皮粉很容易堵塞水蒸气导入管。如果发生堵塞,应先打开 T 形管上的铁夹,将水蒸气导入管适当上提,再进行蒸馏。

2.留 8～10mL 肉桂皮水蒸气蒸馏液供操作步骤 3 用。

3.CH_2Cl_2 毒性较大,应避免吸入体内。蒸发溶剂也可用普通蒸馏装置进行。

4.自制肉桂皮水蒸馏液浓度极稀,薄层色谱板斑点显色后不清晰,一般需浓缩后再点样。操作如下:在一试管中加入 8～10mL 肉桂皮水蒸气蒸馏液、2～3mL 石油醚,小心振荡,静置分层后,用毛细管取上层萃取液。

5.肉桂醛水蒸气蒸馏液的制备:取 4～5 滴肉桂醛试剂放于 100mL 蒸馏水中,常压蒸出,取不带油珠的液体即可使用。

6.用本法制得的肉桂油基本上是纯净的肉桂醛,故可直接用于红外光谱测试。否则,应先将提取液分离提纯才能进行红外光谱分析。

【思考题】

1.简述从肉桂皮中提取肉桂油的过程。

2.在肉桂油官能团定性实验中,哪些实验用来检验 C=C?哪些用来检验 C=O?

3.本实验中还采用哪些方法来鉴定肉桂油中的主要成分?

实验二十五
新鲜蔬菜中 β-胡萝卜素的分离和含量的测定

【实验目的】

1. 学习从植物组织中提取、分离 β-胡萝卜素的方法与应用紫外-可见吸收光谱法和高效液相色谱法（HPLC）测定 β-胡萝卜素含量的方法，并比较两种方法的优缺点。

2. 了解共轭多烯化合物 $\pi \rightarrow \pi^*$ 跃迁吸收波长的计算方法及共轭多烯化合物的紫外吸收光谱的特征。

【实验原理】

许多植物的叶、茎、果实如胡萝卜、地瓜、菠菜中含有丰富的胡萝卜素，它是维生素 A 的前体，具有类似维生素 A 的活性，胡萝卜素有 α、β、γ 异构体，其中 β-胡萝卜素的生理活性最强。β-胡萝卜素的结构式如图 10-4 所示。

β-胡萝卜素是含有 11 个共轭双键的长链多烯化合物，它的 $\pi \rightarrow \pi^*$ 跃迁吸收带处于可见光区，纯的 β-胡萝卜素是橘红色晶体。

胡萝卜素不溶于水，可溶于有机溶剂中，因此植物中的胡萝卜素可以用有机溶剂提取。但有机溶剂也能同时提取植物中的叶黄素、叶绿素等成分，对测定会产生干扰，需要用适当方法加以分离。本实验采用柱色谱法将提取液中的 β-胡萝卜素分离出来，经分离提纯的 β-胡萝卜素的含量可以直接用紫外-可见分光光度计法进行测定。采用 HPLC 可以简化上述分析过程。由于高效液相色谱具有很高的分辨率，只要选择合适的色谱条件，植物提取液中的 β-胡萝卜素便可以在高效液相色谱柱中与叶黄素、叶绿素及其他类胡萝卜素等组分完全分离，并用紫外吸收检测器（UVD）在 450nm 波长下检测，因而提取液可以直接进样分析，大大提高了分析的效率。本实验将分别采用上述两种方法对新鲜蔬菜中的 β-胡萝卜素进行分析。

【仪器与试剂】

仪器：紫外-可见分光光度计、高效液相色谱仪、C_{18}反相液相色谱柱、玻璃色谱柱（10mm × 200mm）、玻璃漏斗、移液管（5mL）、比色管（10mL）、循环水式真空泵、研钵、洗耳球等。

试剂：β-胡萝卜素标准品、甲醇（色谱纯）、乙酸乙酯（色谱纯）、中性氧化铝、硅藻土助滤剂、无水硫酸钠、正庚烷、丙酮、2,6-二叔丁基-4-甲基苯酚（BHT）等。

【实验步骤】

1. 样品处理

将新鲜胡萝卜粉碎混匀，称取2g，加10mL体积比为1∶1的丙酮-正庚烷混合溶剂，并加入0.1g 2,6-二叔丁基-4-甲基苯酚（约一勺尖），于研钵中研磨5min；将混合溶剂滤入预先盛有50mL蒸馏水的分液漏斗中（用垫有脱脂棉的玻璃漏斗即可），残渣继续用5mL 1∶1丙酮-正庚烷混合溶剂研磨过滤于其中，进行萃取（此时不能剧烈振摇，否则会有乳化现象）；静置分层，放出下层的水层，再直接向其中分两次加入20mL蒸馏水洗涤2次，得到提取液。

2. 柱色谱法分离（湿法装柱）

先将干燥的色谱柱底部装入一小团脱脂棉，再通过干燥玻璃漏斗装入一勺石英砂（约1cm高），保持石英砂面平整。关闭下端活塞，再加入10mL 1∶10（体积比）丙酮-正庚烷混合溶剂（同组成员可以多配制此试剂，以备洗脱时用），底部用一小锥瓶接洗脱剂。将中性氧化铝15g与硅藻土助滤剂1.5g置于干燥的小烧杯中混合均匀后，加入1∶10（体积比）丙酮-正庚烷混合溶剂至浸没，用玻璃棒搅拌排除气泡后由干燥玻璃漏斗倒入色谱柱中（注意边装边搅拌）。此时下端活塞旋开，保持滴速1滴/s，待上端吸附剂沉降后，用干燥滴管再淋洗色谱柱内壁（切记洗脱剂必须一直浸没吸附剂，否则会严重影响分离效果），当吸附剂上层面平整时，通过漏斗盖上一层约5mm的无水硫酸钠（半勺）。待洗脱剂恰好流至无水硫酸钠上层面时，将分液漏斗中的样品浸取液倾入色谱柱中，待液面流至无水硫酸钠上层面时，少量多次用1∶10的丙酮-正庚烷混合溶剂冲洗色谱柱，使胡萝卜素谱带与其他色谱带分开。β-胡萝卜素将首先从色谱柱中流出，而其他色素仍保留在色谱柱中。将第一色带流出液收集在10mL比色管中,用1∶10的丙酮-正庚烷混合溶剂定容(其他色带弃之,将吸附剂倒入指定回收箱,洗涤色谱柱)。

3.利用紫外-可见分光光度法绘制标准工作曲线

准确配制$122\mu g\cdot mL^{-1}$胡萝卜素丙酮-正庚烷(体积比1∶10)标准溶液(已备好)。分别准确吸取该溶液2.00mL、2.50mL、3.00mL、3.50mL、4.00mL于5个10mL比色管中,用1∶10的丙酮-正庚烷混合溶剂定容。用1cm吸收池,扫描其中一个标准溶液的紫外-可见吸收光谱,确定λ_{max}(约450nm),然后分别测定5个β-胡萝卜素标准溶液在最大吸收波长处的吸光度(测定的波长范围为350~550nm,每组同学都用同一标准溶液)。

4.紫外-可见分光光度法测定样品提取液中β-胡萝卜素的含量

将已定容的β-胡萝卜素溶液以1∶10(体积比)的丙酮-正庚烷混合溶剂为参比,在紫外-可见分光光度计上测定β-胡萝卜素在最大吸收波长处的吸光度。

5.样品提取液中β-胡萝卜素的HPLC分析

取上述提取液,减压蒸干或氮气吹干,用1mL甲醇溶解,经$0.3\mu m$微孔滤膜过滤后用作样品试液,配制$1\sim 20\mu g\cdot mL^{-1}$之间不同浓度的β-胡萝卜素标准溶液。上述样品试液和标准溶液分别用微量注射器进样$20\mu L$,色谱条件为:色谱柱为μBondapak C_{18}(3.9mm×150mm),流动相为甲醇-乙酸乙酯(45∶55,体积比),流速为$1.0mL\cdot min^{-1}$,UV检测器波长为452nm,柱温为室温。记录各色谱分析结果,以β-胡萝卜素的峰面积对标准溶液浓度作工作曲线,并根据工作曲线计算样品中β-胡萝卜素的含量,与紫外-可见分光光度法所得结果对比分析。

【实验结果和讨论】

1.利用紫外-可见吸收光谱绘制β-胡萝卜素的工作曲线

标准溶液编号	1	2	3	4	5
β-胡萝卜素($122\mu g\cdot mL^{-1}$) 取样量/mL	2.00	2.50	3.00	3.50	4.00
β-胡萝卜素浓度/($\mu g\cdot mL^{-1}$)					
吸光度A					

所得工作曲线的线性回归方程为_____，相关系数为_____。

2. 确定样品溶液在 λ_{max} 处的吸光度，计算 β-胡萝卜素的含量

试液的吸光度测得值为_____，β-胡萝卜素含量的计算式为_____，结果为_____ $\mu g \cdot g^{-1}$。

3. 在色谱工作站中制作工作曲线

色谱工作站中的工作曲线方程为_____，相关系数为_____。

HPLC 测得样品中 β-胡萝卜素的含量是_____ $\mu g \cdot g^{-1}$。

【思考题】

1. 本实验采用了两种方法测定 β-胡萝卜素的含量，你认为哪种方法更为可靠，效率更高，为什么？

2. 胡萝卜素有 α、β、γ 三种异构体，如果要分别测定这些异构体的含量，哪一种方法更为合适？为什么？

3. 如果用 HPLC 分析胡萝卜素的三种异构体，选择什么样的色谱模式更为合适？

4. 为何要在提取样品时加入抗氧化剂 2,6-二叔丁基-4-甲基苯酚？

5. 色谱分离时除用活性氧化铝作吸附剂外，可以用其他吸附剂代替吗？

实验二十六

植物叶绿体色素的提取、分离、表征及含量测定

【实验目的】

利用化学手段提取和纯化植物叶片中的叶绿素、胡萝卜素等色素，并用光谱技术（导数分光光度法、同步荧光法）和高效液相色谱法进行表征和含量测定，让学生初步掌握天然产物的分离提取、鉴定及含量测定等实验技术，提高

综合实验能力。

【实验原理】

高等植物体内的叶绿体色素有叶绿素和类胡萝卜素两类，主要包括叶绿素 a($C_{55}H_{72}O_5N_4Mg$)、叶绿素 b($C_{55}H_{70}O_6N_4Mg$)、β-胡萝卜素（$C_{40}H_{56}$）和叶黄素（$C_{40}H_{56}O_2$）四种。叶绿素 a 和叶绿素 b 为吡咯衍生物与金属镁的络合物，β-胡萝卜素和叶黄素为四萜类化合物。根据它们的化学特性，可将它们从植物叶片中提取出来，并通过萃取、沉淀和色谱方法将它们分离开来。

叶绿素 a 和叶绿素 b 的分子结构相似，它们的吸收光谱、荧光激发光谱和发射光谱重叠，用常规分光光度法和荧光方法难以实现其同时测定。但利用一阶导数光谱技术和同步荧光技术，消除了叶绿素 a 和叶绿素 b 的光谱干扰，可以同时测定它们的含量。

高效液相色谱是在高效分离的基础上对各个色素进行测定的，对叶绿素和类胡萝卜素等天然产物的分析测定而言是一种非常有效的手段。

【仪器与试剂】

仪器：紫外-可见分光光度计、荧光分光光度计、高效液相色谱（HPLC）仪、培养皿、色谱柱、研钵、分液漏斗、色谱滤纸、毛细管、双连球。

试剂：叶绿素 a 标准品、叶绿素 b 标准品、β-胡萝卜素标准品、石油醚（60~90℃）、丙酮、四氯化碳（CCl_4）、无水硫酸钠（Na_2SO_4）、石英砂、甲醇（色谱纯）、乙腈（色谱纯）、碳酸镁、饱和 NaCl 溶液、乙醚、色谱中性氧化铝（250 目）。

【实验步骤】

（一）叶绿体色素的提取和色谱分离

1. 叶绿体色素的提取

称取干净的新鲜绿叶蔬菜（如菠菜等）10g，剪碎后放入研钵，加入 0.5g 碳酸镁，将菜叶粗捣烂后加入 20mL 丙酮，迅速研磨 5min。倒入不锈钢网过滤器过滤，残渣再研磨提取 1 次。合并滤液，转入预先放有 20mL 石油醚的分液漏斗中，加入 5mL 饱和 NaCl 溶液和 45mL 蒸馏水，摇匀，使色素转入石油醚层。再分别用 50mL 蒸馏水洗涤石油醚层 2 次。往石油醚色素提取液中加入

无水 Na_2SO_4 除水,并进行适当浓缩,约得 10mL 提取液。

2.纸色谱分离

采用色谱滤纸,展开剂用 CCl_4、石油醚-乙醚-甲醇(体积比为 30:1.0:0.5)等。展开方式可以采用上升法、下降法或辐射法。用毛细管在直径为 11cm 的滤纸中心重复点样 3~4 次,斑点约 1cm。吹干后,另在样斑中心加 1~2 滴展开剂,让样品斑形成一个均匀的样品环。沿着样品环中心穿一个直径约为 3mm 的孔,做一条 2cm 长的滤纸芯穿过。取一对直径为 10cm 培养皿,其中一个倒入约 1/3 的石油醚-乙醚-甲醇展开剂,放上层析滤纸,盖上另一个培养皿,展开。纸色谱分离后,分别将各个色带剪下,用体积比为 90:10 的丙酮-水溶液溶出,以备配制色素标准液时使用。

3.薄层色谱法分离

采用 5cm×20cm 硅胶板,105℃活化 0.5h。展开剂为石油醚-丙酮-乙醚(体积比为 3:1:1)。

4.氧化铝柱色谱法分离

在直径为 1.0cm 的加压色谱柱底部放少量的脱脂棉,分别加入 0.5cm 高的石英砂、10cm 高的色谱中性氧化铝(250 目)和 0.5cm 高的石英砂。加入 25mL 石油醚,用双连球打气加压浸湿氧化铝填料。整个洗脱过程应保持液面高于氧化铝填料。将 2.0mL 植物色素提取液加到色谱柱顶部。流完后,再加少量石油醚洗涤,使色素全部进入氧化铝柱体。加入 25mL 石油醚-丙酮(体积比为 9:1)溶液,适当加压洗脱出第一个有色组分——橙黄色的 β-胡萝卜素溶液。然后约用 50mL 石油醚-丙酮(体积比为 7:3)溶液洗脱出第二个黄色带——叶黄素溶液和第三个色带——叶绿素 a(蓝绿色)。最后用石油醚-丙酮(体积比为 1:1)溶液洗脱叶绿素 b(黄绿色)组分。收集各色带后,放入棕色瓶低温保存。

5.样品纯度的鉴定

经色谱法分离得到的样品组分可用吸收光谱(400~700nm)和荧光光谱进行表征和鉴定。其纯度可通过薄层色谱和后面实验的 3 种测定技术进行测定。

(二)叶绿素 a 和叶绿素 b 的同时测定

1.标准溶液系列的配制

应用多波长分光光度法确定用纯品试剂配制或用经分离提纯液配制的标准

溶液的浓度。计算公式为：

叶绿素 a：$\rho_{\text{Chla}}(\mu\text{g}\cdot\text{mL}^{-1})=9.78A_{662\text{nm}}-0.99A_{644\text{nm}}$

叶绿素 b：$\rho_{\text{Chlb}}(\mu\text{g}\cdot\text{mL}^{-1})=21.43A_{644\text{nm}}-4.65A_{662\text{nm}}$

式中，吸光度 A 的下标为测定波长。标准溶液系列均采用体积比为 9∶1 的丙酮-水溶液配制，一般采用 5 种不同浓度的标准溶液绘制工作曲线。

2.样品试液的制备

样品可以是各种绿色植物叶片，一般取自市场购买的新鲜蔬菜。取 0.5g 左右干净新鲜支脉的菜叶，准确称量，剪碎，置于研钵中，加入 0.10g 固体 $MgCO_3$ 和 3mL 体积比为 9∶1 的丙酮-水溶液，研磨至浆状。沥出离心分离。重新研磨提取直至残余的植物组织无色为止。上层清液收集在 50mL 的容量瓶中，以体积比为 9∶1 的丙酮-水溶液定容。每份样品应同时提取两份。

3.导数分光光度法分析

（1）测定叶绿素 a、叶绿素 b 的吸收光谱（600～700nm）和一阶导数谱图，确定其导数测定波长，参比溶液为体积比为 9∶1 的丙酮-水溶液。

（2）绘制叶绿素 a 和叶绿素 b 的工作曲线：对 5 种不同浓度的叶绿素 a 和叶绿素 b 系列标准溶液在确定的波长处进行一阶导数光谱测定，用计算机求出各自工作曲线的拟合方程和相关系数。

（3）测定实际样品溶液的叶绿素 a 和叶绿素 b 含量，换算出蔬菜叶片中它们的含量。

4.同步荧光法分析

（1）荧光激发和发射光谱的测绘

叶绿素 a（160ng·mL^{-1}）：采用 428nm 激发波长，在 600～800nm 范围内扫描其荧光发射光谱；采用 667nm 发射波长，在 350～600nm 范围内扫描其荧光激发光谱。

叶绿素 b：采用 457nm 激发波长，在 600～800nm 范围内扫描其荧光发射光谱；采用 650nm 发射波长，在 350～600nm 范围内扫描其荧光激发光谱。

（2）同步荧光光谱的测绘

令 $\Delta\lambda=258$nm，在激发波长 350～600nm 范围内进行同步扫描，得叶绿素 a 的同步荧光光谱；令 $\Delta\lambda=193$nm，在激发波长 350～600nm 范围内进行同步扫描，得叶绿素 b 的同步荧光光谱。

(3) 工作曲线

以 $\Delta\lambda = 258$nm 对系列叶绿素 a 标准溶液进行同步扫描；以 $\Delta\lambda = 193$nm 对系列叶绿素 b 标准溶液进行同步扫描。由同步荧光峰信号对浓度绘制工作曲线。

(4) 菜叶中叶绿素 a 和叶绿素 b 的测定

实际样品试液经适当稀释，直接测定同步荧光峰强度，计算出菜叶中叶绿素 a 和叶绿素 b 的含量。

5.高效液相色谱法分析

(1) 色谱条件试验

色谱柱为 Hypersil BDS C_{18}（$\phi 4.0$mm × 200mm，5μm），另加 1 支 $\phi 20$mm C_{18} 的保护柱。流动相为二氯甲烷-乙腈-甲醇-水（体积比为 20∶10∶65∶5）溶液，流速为 1.5mL·min^{-1}，检测波长为 440nm 和 660nm。进样体积为 20μL。注入混合标准化合物试液，分析记录它们的色谱图，确定出峰顺序。

(2) 工作曲线的绘制

分别注入 0.20mg·mL^{-1}、0.40mg·mL^{-1}、0.60mg·mL^{-1}、0.80mg·mL^{-1} 和 1.00mg·mL^{-1} 混合色素标准溶液进行色谱分析，绘制各个色素的浓度-峰面积工作曲线。为提高各个组分的检测灵敏度，可设定一个检测波长-时间程序进行检测。

(3) 实际样品测定

实际样品试液经 0.2μm 针头式过滤器直接进样分析。根据保留值定性，对照工作曲线计算各组分含量。

【实验结果和讨论】

1.观察提取过程中溶液的颜色情况，并根据化合物的特性分析色素的去除。

2.记录薄层色谱分离图，包括斑点的颜色和形状、展开时间及前沿形状、计算比移值 R_f，确定各色素组分。

3.对纸色谱和氧化铝柱色谱收集到的各种色素进行吸收光谱扫描（400～700nm），确定为何种化合物及其纯度。

4.讨论叶绿素a和叶绿素b的光谱特性。确定可供测定叶绿素a和叶绿素b的导数波长。分别测量在646nm和635nm两波长处的一阶导数值，用以绘制叶绿素a和叶绿素b的工作曲线，并求出它们的拟合方程和相关系数。由于在646nm波长处叶绿素b的一阶导数为零，而在635nm波长处叶绿素a的一阶导数为零，因此两者的测定互不干扰。

5.讨论叶绿素a和叶绿素b的荧光激发光谱、荧光发射光谱和同步荧光光谱。分别以$\Delta\lambda=258nm$和193nm扫描得到的同步荧光峰信号，绘制叶绿素a和叶绿素b的工作曲线，并求出它们的拟合方程和相关系数。

6.讨论样品组分的出峰顺序和对比两个波长处的色谱图。绘制叶绿素a和叶绿素b的工作曲线，并求出它们的拟合方程和相关系数。

7.计算各样品中叶绿素a和叶绿素b的实际含量和叶绿素a和叶绿素b的比值。比较同一样品3种方法的测定结果，讨论各方法的优缺点及可靠性。

【注意事项】

1.叶绿体色素对光、温度、氧气、酸碱性及其他氧化剂都非常敏感。色素的提取和分析一般都要在避光、低温及无干扰的情况下进行。提取液不宜长期存放，必要时应抽干充氮避光低温保存。

2.在导数分光光度法测定时，各组测得的最大吸收波长和一阶导数测定波长可能略有不同，应以自己测得的为准。

3.色素提取液可能含有不溶物（如植物组织），色谱分析时必须除去，否则将缩短色谱柱寿命。实验过程中采用保护柱和针头过滤器保护色谱柱。

4.每完成1种试液分析后，应用丙酮等溶剂将装液池和进样针筒彻底清洗干净，否则会引起样品残留，影响下一个样品的分析。

【思考题】

1.绿色植物叶片的主要成分是什么？一般天然产物的提取方式有哪些？

2.色谱法是一种高效分离技术，其高效性在于其独特的色谱分离过程。结合本实验观察到的植物色素分离过程，体会气相色谱（GC）和HPLC的分离过程。

3.试比较叶绿素、胡萝卜素和叶黄素3种色素的极性，为什么胡萝卜素在氧化铝色谱柱中移动得最快？

4.为何在646nm和635nm波长处叶绿素b和叶绿素a的一阶导数值分别为零？试从吸收光谱与一阶导数谱图的关系加以解释。

5.叶绿素同步荧光光谱和常规荧光光谱相比，有什么不同？能否只用一次同步扫描完成叶绿素a和叶绿素b的测定？

6.在HPLC中，采用双波长检测有什么好处？如何确定色谱峰的纯度？

7.对比同一份植物叶片试液的3种分析结果，简述导数分光光度法、同步荧光法和高效液相色谱法的特点。

实验二十七
水热法原位合成吡啶基三唑前驱体及其单晶衍射分析

【实验目的】

1.了解原位合成的基本原理及方法。

2.掌握水热法制备配合物的基本过程。

3.了解X射线单晶衍射仪的工作原理及其在配合物分析中的应用。

4.了解SHELXTL、XSHELL软件的使用方法。

【实验原理】

1.原位合成前驱体的实验原理

在水热或者溶剂热超分子自组装体系中，有时可以发生原位配体反应（in-situ ligand reaction），也就是所加入的配体发生了有机反应生成新的配体。从另一个角度来看，这类超分子体系其实是金属离子催化的有机反应，只是其最终产物或者中间产物以晶体形式析出。该方法常应用于合成反应活性较低的物质。例如，有机腈通常是非常稳定的，活化有机腈需要很强的吸电子基团，有机腈在与金属离子配位后，其碳原子被活化，很容易接受亲核试剂的进攻；二价铜离子由于其d^9电子结构和较强的配位能力，很容易在溶剂热条件中引发有机配体反应而广泛地应用于配位聚合物的组装中。

本实验以 3-氰基吡啶为有机腈源,硫酸铜为金属盐,氨水作为氮源并提供了碱性条件,使用原位合成的方法制备 3,5-二 3-吡啶基-1H-1,2,4-三唑一价铜的配合物(见图 27-1)。

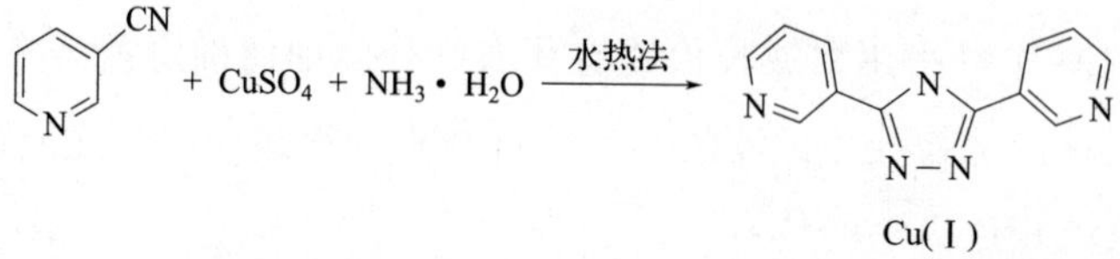

图 27-1 吡啶基三唑前驱体配合物的合成方法

三种可能的合成机理见图 27-2。

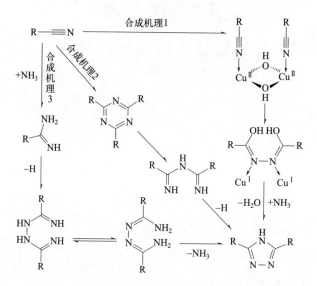

图 27-2 吡啶基三唑前驱体的合成机理

再利用 CuS 和 Cu_2S 很小的 K_{sp} [K_{sp}(CuS)=$1.27×10^{-36}$,K_{sp}(Cu_2S)=$2.26×10^{-48}$],用 $(NH_4)_2S$ 除去过量的二价铜离子以及前驱体配合物中的一价铜离子,从而获得目标配体,即 3,5-二(3-吡啶基)-1H-1,2,4-三唑。相比于传统的有机合成方法,原位配体反应的优势在于其简化了合成过程,不用分离中间产物。

2. X 射线单晶衍射仪的衍射原理

X 射线单晶衍射仪具有四圆单晶衍射仪的欧拉衍射几何结构,它由加工精度极高且旋转轴交于一点的四个圆组成。这四个圆分别为 φ、ω、χ 和 2θ 圆。φ 圆是测角仪头上绕安置晶体的轴自转的圆，旋转角称为 φ 角。χ 圆是安放测角头的垂直大圆，测角头可在此圆上运动，其轴是水平方位的，旋转角称为 χ 角，在 SMART CCD 衍射仪中，χ 角固定为 54.7°。ω 圆是带动垂直的 χ 圆转动的圆，旋转角称为 ω 角。2θ 圆是与 ω 圆同轴只带动探测器转动的圆，用于测量 θ 角，并收集强度数据。φ 圆和 χ 圆的作用是调节晶体的取向，使晶体的某一组点阵面转到适当的位置，ω 圆和 2θ 圆是使晶体旋转到能使该点阵面产生衍射的位置，并使衍射线进入探测器接收范围。X 射线单晶衍射仪在工作过程中，通过四个圆的配合，将晶体中的对应倒易点阵点，旋转到衍射平面并与反射球相碰，通过探测器检测到所有衍射点的衍射角和强度。

X 射线单晶衍射仪的结构组成如图 27-3 所示。

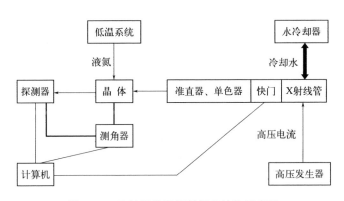

图 27-3　X 射线单晶衍射仪的结构示意图

3. SHELXTL、XSHELL、DIAMOND 等软件对配合物晶体进行精修和表达的科学原理

SHELXTL 软件主要包括 XPREP、XS 等子程序。XPREP 主要是利用经过还原的衍射数据，确定晶体的空间群、转换晶胞参数和晶系、对衍射数据进行吸收校正、合并晶体的衍射数据、对衍射数据进行统计分析、画出倒易空间图和帕特森截面图、输出其他程序所需的文件等，还可对原始衍射数据进行预处理：当输入晶胞参数后，程序会根据数据的消光规律测定空间群；输入分子式后会产生元素表等，最后产生.PRP、.INS 文件，以待往下解析结构用。XS 程序是起始套产生程序，即用直接法（TREF）或帕特逊法（PATT）求出起

始套，得到.RES 文件。

XSHELL 软件主要用于对已有大致结果的数据进行还原及最小二乘修正，用计算的数据 Fc 与观察的数据 Fo 作比较，两者愈接近则表示修正得愈好，R 因子会下降。XP 程序用于检查 XS 和 XL 程序计算结果的图像界面，它把储存计算结果的文字文件 code.res 转换成直观的图形，并通过 proj 指令观看结构模型的立体结构，pick 指令删除或命名原子，info 指令列出原子和残峰的位置和强度，bang 指令计算并显示指定的键长键角，pack 指令观看堆积结构等。

XCIF 程序主要用于产生.CIF 文件，晶体学数据表，键长、键角、氢键表等信息。

DIAMOND 软件主要用于单晶结构配位环境及超分子结构的形象化表达。

【仪器与试剂】

仪器：15mL 水热反应釜（带聚四氟乙烯内衬）、程序控温干燥箱、研钵、体视显微镜、傅里叶变换红外光谱仪等。

试剂：3-氰基吡啶、氨水、五水合硫酸铜（$CuSO_4 \cdot 5H_2O$）、$(NH_4)_2S$ 等。

软件包：SHELXTL、XSHELL、XCIF、DIAMOND。

【实验步骤】

1. 配合物前驱体的原位合成

（1）将 $CuSO_4 \cdot 5H_2O$（0.50g，2.0mmol）、氨水（25%，3.0mL）、3-氰基吡啶（1.04g，10mmol）和 6mL 蒸馏水置于 15mL 带聚四氟乙烯内衬的反应釜中，混匀后，于 140℃保持 60h，以 5℃/h 降温至 100℃，保温 10h 后自然冷却至室温。产物用水洗涤，干燥，收集暗红色晶体，计算产率。

（2）将暗红色晶体研磨，加 30mL 水，加热至 70～80℃，搅拌下加入 10mL$(NH_4)_2S$，产生大量黑色粉末，加热煮沸 10min，沉淀完全后趁热过滤，得无色滤液，浓缩得到白色粉末，即为 3,5-二(3-吡啶基)-1H-1,2,4-三唑。

2. 吡啶基三唑前驱体的表征

（1）对配合物前驱体进行红外表征，对特征吸收峰进行归属。

（2）挑选晶体质量良好的配合物前驱体。

（3）对配合物前驱体和 3,5-二(3-吡啶基)-1H-1,2,4-三唑晶态材料进行 X 射线单晶衍射的表征。

3.单晶衍射结构精修及表达

(1) SHELXTL 软件处理

由 Bruker 的 XSCANS 和 SMART 系统输出的衍射数据，可用于确定晶体的空间群、转换晶胞参数和晶系、对衍射数据做吸收校正、合并不同颗晶体的衍射数据、对衍射数据进行统计分析、画出倒易空间图和帕特森截面图、输出其他子程序所需的文件等。

输入文件：从 SAINT+(CCD) 得到的衍射点数据文件 code.raw（已经被还原、尚未做吸收校正的数据）、code.hkl 和 code.p4p 文件，或从 XSCANS (P4) 得到的 code.raw、code.p4p、code.psi 文件。

输出文件：用于输入 XS/XL 子程序、包含分子式和空间群等信息的文件 code.ins 以及衍射点强度数据文件 code.hkl；记录晶体空间群、晶体外观、衍射数据收集条件以及所使用的有关软件的文件 code.pcf，用于 XCIF 子程序；记录文件 code.prp。

通过直接法或帕特森法计算出试验性的初始结构模型（初始套）。

输入文件：code.ins、code.hkl。

输出文件：计算结果文件 code.res、记录文件 code.lst。

(2) XSHELL

根据初始结构模型（包括原子的种类、位置和原子位移参数）与观察到的衍射强度，对结构模型进行 F 或 ΔF 傅里叶合成计算和最小二乘法精修。

输入文件：code.ins、code.hkl。

输出文件：code.res、code.lst，以及由 code.ins 文件中的 ACTA 指令产生的晶体信息。

(3) XCIF

根据结构模型的最后精修结果，产生各种表格。

输入文件：code.cif、code.pcf、code.fcf。

输出文件：含有晶体结构数据、原子坐标、原子位移参数、键长、键角、扭曲角等数据的表格文件 code.txt，结构因子文件 code.sft。

(4) 用 DIAMOND 软件画出配位环境图及配合物的二维结构。

【思考题】

1. 配合物单晶的制备方法有哪些？各有什么特点？
2. 用 DIAMOND 软件画图时有什么注意事项？

实验二十八
高压反应：α-氯萘水解制 α-萘酚

【实验目的】

1. 了解高压反应釜的构造，学会其操作方法。
2. 利用高压反应由 α-氯萘水解制备 α-萘酚。

【实验原理】

在较高的温度下，α-氯萘在铜催化下，经碱性水解生成 α-萘酚，反应方程式如下：

$$\text{C}_{10}\text{H}_7\text{Cl} + 2\text{NaOH} \longrightarrow \text{C}_{10}\text{H}_7\text{ONa} + \text{NaCl} + \text{H}_2\text{O}$$

$$\text{C}_{10}\text{H}_7\text{ONa} + \text{HCl} \longrightarrow \text{C}_{10}\text{H}_7\text{OH} + \text{NaCl}$$

α-萘酚是重要的化工原料，广泛用在染料、农药、医药的生产中。α-氯萘水解法制备 α-萘酚是一种工业生产方法，属于亲核取代反应。研究表明，此水解反应迅速，萘酚异构化的比例同催化剂的性质和用量有关：在无催化剂的情况下，容易异构化；在合适的催化剂下，部分 β-氯萘可异构化并水解为 α-萘酚，而 α-氯萘只水解为 α-萘酚。催化剂以反应釜的镀铜表面、铜和 Cu_2O 的催化效果好；催化剂用量一般为每克氯萘需用 0.05～0.002g 催化剂。提高反应温度可以显著缩短反应时间，随着反应时间的延长，α-萘酚的产率和 α-氯萘转化率之间的差别增大，这可能是由 α-萘酚在该反应条件下进一步裂解，或者生成 α,α′-二萘酚所致。研究表明，最佳的反应条件为：Cu-Cu$_2$O 催化剂；反应温度为 271～276℃；α-氯萘与 NaOH 物质的量之比为 1∶2.5～1∶4；碱浓度为 2.5～3.8mol·L^{-1}；压力为 5.0～5.5MPa；反应时间为 60～110min。

【仪器与试剂】

仪器：高压反应釜、显微熔点仪、抽滤瓶、水循环真空泵、电热套、圆底烧瓶（100mL）、球形冷凝管、烧杯（100mL）、锥形瓶（150mL）。

试剂：α-氯萘、铜粉、氧化亚铜、氯化亚铜、氢氧化钠、盐酸、环己烷。

【实验步骤】

使用高压反应釜前，要预先认真学习高压釜的结构、工作原理和操作方法；使用过程中要严格按照高压釜的操作方法安装、使用和拆卸。

在 0.25L 高压釜中，投入 24.0g α-氯萘、0.23g 铜粉、0.44g 氧化亚铜、0.25g 氯化亚铜和 150mL 2.5mol·L^{-1} 氢氧化钠溶液。按操作规定安装高压釜，开动搅拌器，加热升温，保持温度在 273℃左右反应 90min。停止搅拌和加热，自然冷却至室温，打开釜盖。取出反应物，抽滤，滤饼干燥后即得灰白色或浅褐色 α-萘酚粗品。用环己烷重结晶，可得粉红色晶体。干燥后称重，测熔点。

α-萘酚的沸点为 288℃，熔点为 96℃，易升华，可用减压升华或减压分馏的方法提纯。

【注意事项】

1. 高压釜为精密制造的仪器，高压反应带有一定的危险性，因此，使用高压釜时，一定要严格遵守高压釜的操作规程，不得随意操作。

2. 釜体和釜盖采用精密加工的圆弧面和锥面线接触密封形式，因此，在安装前一定要检查此处有没有固体物质。在装卸时，要使釜盖上下轻缓移动，防止釜体和釜盖的密封面相互撞击，造成密封面损坏。

3. 拧紧和卸去主螺母时，必须按对角、对称地分多次进行。用力要均匀，每次不可超过规定的拧紧力矩（50N·m）（使用专用工具）。禁止使用过大的力，以防釜盖向一边倾斜。

4.升温和降温不许采用速冷速热的措施,升温速度不大于 $80℃·h^{-1}$。降温时要自然冷却。

5.在使用过程中,注意不要使加热、搅拌、热电偶的三根导线接触釜体,以防烧坏。

6.在使用过程中不得无人看管。

实验二十九
水热法制备纳米氧化铁材料

【实验目的】

1.了解水热法制备纳米材料的原理与方法。

2.加深对水解反应影响因素的认识。

3.熟悉分光光度计、离心机、酸度计的使用。

【实验原理】

水解反应是中和反应的逆反应,是一个吸热反应。升温使水解反应的速率加快,反应程度增加;浓度增大对反应程度无影响,但可使反应速率加快。对金属离子的强酸盐来说,pH 增大,水解程度与反应速率皆增大。在科研中经常利用水解反应来进行物质的分离、鉴定和提纯,许多高纯度的金属氧化物,如 Bi_2O_3、Al_2O_3、Fe_2O_3 等,都是通过水解沉淀来提纯的。

纳米材料是指晶粒和晶界等显微结构能达到纳米级尺度水平的材料,是材料科学的一个重要发展方向。纳米材料由于粒径很小,比表面积很大,表面原子数会超过体原子数,因此纳米材料常表现出与本体材料不同的性质。在保持原有物质化学性质的基础上,呈现出热力学上的不稳定性。如纳米材料可大大降低陶瓷烧结及反应的温度,明显提高催化剂的催化活性、气敏材料的气敏活性和磁记录材料的信息存储量。纳米材料在发光材料、生物材料方面也有重要的应用。

氧化物纳米材料的制备方法很多,有化学沉淀法、热分解法、固相反应法、溶胶-凝胶法、气相沉积法、水热法等。水热法是目前常用的制备纳米Fe_2O_3的方法之一。水热反应是在密封的体系中,以水为溶剂,在一定温度和水的自身压强下,原始混合物进行反应制备微粒的方法。由于在高温高压水热条件下,特别是当温度超过水的临界温度和压力超过临界压力时,水处于临界条件状态,物质在水中的物性和化学反应性能均发生很大变化,因此水热化学反应异于常态。该方法通过控制一定的温度和pH条件,使一定浓度的金属盐水解,生成氢氧化物或氧化物沉淀。若条件适当可得到颗粒均匀的多晶态溶胶,其颗粒尺寸在纳米级,对提高气敏材料的灵敏度和稳定性有利。

为了得到稳定的多晶溶胶,可降低金属离子的浓度,也可用配位剂配合法控制金属离子的浓度,如加入 EDTA,如果增大 Fe^{3+} 的浓度,会制得更多的沉淀,对产物的晶形产生影响。若水解后,生成沉淀,则说明成核不同步,可能是玻璃仪器未清洗干净,或者是水解液浓度过大,或者是水解时间太长。此时的沉淀颗粒尺寸不均匀,粒径也比较大。

$FeCl_3$ 水解过程中,由于 Fe^{3+} 转化为 Fe_2O_3,溶液的颜色发生变化,随着时间增加,Fe^{3+} 量逐渐减小,Fe_2O_3 粒径也逐渐增大,溶液颜色也趋于一个稳定位,可用分光光度计进行动态监测。

【仪器与试剂】

仪器:X射线粉末衍射仪(XRD)、扫描电子显微镜(SEM)、烘箱、紫外-可见分光光度计、离心机、酸度计、多用滴管、20mL 具塞锥形瓶、50mL 容量瓶、离心试管、5mL 吸量管等。

试剂:$FeCl_3$ 溶液(1.0mol·L^{-1})、HCl 溶液(1.0mol·L^{-1})、EDTA 溶液(1.0mol·L^{-1})、$(NH_4)_2SO_4$ 溶液(1.0mol·L^{-1})等。

【实验步骤】

1. 玻璃仪器的清洗

实验中所用一切玻璃器皿均需严格清洗。先用铬酸洗液洗,再用去离子水冲洗干净,然后烘干备用。

2. 水解温度的选择

本实验选定水解温度为105℃,有兴趣的同学可做95℃、80℃温度下的对照实验。

3.水解时间对水解的影响

按 1.8×10^{-2} mol·L^{-1} FeCl$_3$ 溶液、8.0×10^{-4} mol·L^{-1} EDTA 溶液的要求配制 20mL 水解液,通过多用滴管滴加 1mol·L^{-1} HCl 溶液,用酸度计监测,调节溶液的 pH 至 1.3,置于 20mL 具塞锥形瓶中,放入 105℃ 的台式烘箱中,观察水解前后溶液的变化。每隔 30min 取样 2mL,于 550nm 处观察水解液吸光度（A）的变化,直到吸光度基本不变,观察到橘红色溶胶为止,绘制 A-t 图。约需读数 6 次。

4.水解液 pH 的影响

改变上述水解液的 pH,分别为 1.0、1.5、2.0、2.5、3.0,用分光光度计观察水解液 pH 对水解的影响,绘制 pH-t 图。

5.水解液中 Fe^{3+} 浓度对水解的影响

改变步骤 3 中水解液的 Fe^{3+} 浓度,使之分别为 2.5×10^{-2} mol·L^{-1}、5×10^{-3} mol·L^{-1}、1.0×10^{-2} mol·L^{-1},用紫外-可见分光光度计观察水解液中 Fe^{3+} 浓度对水解的影响,绘制 A-t 图。

6.沉淀的分离

取上述水溶液一份,迅速用冷水冷却,分为两份,一份用高速离心机离心分离,一份加入 (NH$_4$)$_2$SO$_4$ 溶液使溶胶沉淀后用离心机离心分离。沉淀用去离子水洗至无 Cl$^-$ 为止（怎样检验？）。比较两种分离方法的效率。

7.纳米氧化铁材料的表征

分别采用 XRD、SEM 等表征手段对样品进行表征。

【思考题】

1.影响水解的因素有哪些？如何影响？

2.水解器皿在使用前为什么要清洗干净,若清洗不净会带来什么后果？

3.如何精密控制水解液的 pH？为什么可用紫外-可见分光光度计监控水解程度？

4.氧化铁溶胶的分离方法有哪些？哪种方法的分离效果较好？

5.研究水解温度、水解时间、pH 等因素对最终产物颗粒形貌、精细结构的影响。

实验三十
微波辐射下三甲醇丙烷、季戊四醇与羧酸合成润滑油类羧酸酯

【实验目的】

1. 了解微波辐射在有机合成中的应用。
2. 了解酯化反应的合成原理。

【实验原理】

润滑油广泛用于军事、航空、机械等领域，其主要成分是多元醇与 $C_5\sim C_9$ 的直链一元羧酸（简称九五酸）进行酯化反应得到的羧酸酯。由于季戊四醇、三甲醇丙烷在 β-碳上无氢原子，得到的新戊基醇酯具有润滑性优良、热稳定性好、高电阻、耐老化和耐低温等特点，被广泛用作航空润滑油、仪表油、宽温度润滑油的基础油等。特别是三甲醇丙烷型合成润滑油还可以作热传导液、高温液压油、高速热运转工业装置润滑油，与硅酸酯掺用以控制橡胶膨胀度等。目前，润滑油类羧酸酯的合成主要是在浓硫酸催化下，采用真空、高温、长时间常规加热方式而得到。在工业生产中，反应时间一般为十几个小时。因反应时间长，有较多的醚、烯烃等副产物生成，因此，该工艺还需要进一步改进。

自从 1986 年 Giguere 等人发表第一篇微波合成的文章以来，微波辅助在有机合成中已得到广泛的应用。微波是一种高频电磁波，当微波作用于有机反应体系时，极性分子会在微波电磁场的作用下发生快速的取向变化，从而产生分子振动和转动。这种分子的振动和转动增加了分子间的碰撞频率和能量，进而加速了化学反应的进行。具体来说，大量极性分子吸收微波能量后发生高频剧烈转动，产生大量内能使物质温度升高，这有利于有机反应的发生，特别是对于一些需要较高活化能的反应，从而缩短了反应时间，提高了反应效率。

本实验中，用三甲醇丙烷、季戊四醇分别与 $C_5 \sim C_9$ 的直链一元羧酸在微波辐射加热条件下合成润滑油类羧酸酯，反应方程式如下：

$$CH_3CH_2C(CH_2OH)_3 + 3RCOOH \xrightarrow[\text{微波辐射}]{H^+} CH_3CH_2C(CH_2OOCR)_3 + 3H_2O$$

$$C(CH_2OH)_4 + 4RCOOH \xrightarrow[\text{微波辐射}]{H^+} C(CH_2OOCR)_4 + 4H_2O$$

R：$n\text{-}C_4H_9,\ n\text{-}C_5H_{11},\ n\text{-}C_6H_{13},\ n\text{-}C_7H_{15},\ n\text{-}C_8H_{17}$

【仪器与试剂】

仪器：微波反应器（功率在 0～800W 内任意可调）、傅里叶变换红外光谱仪、圆底烧瓶（50mL）等。

试剂：三甲醇丙烷、季戊四醇、正丁酸、正戊酸、正己酸、正庚酸、正辛酸、浓硫酸、活性炭、硅胶、10％ NaOH 溶液等。

【实验步骤】

1. 在 50mL 圆底烧瓶中加入 0.0224mol 三甲醇丙烷（固体）、0.0750mol 直链烷基苯磺酸、0.20g 浓硫酸和 0.11g 活性炭。在微波辐射下合成，反应生成的水通过抽真空分离。得产物粗产品，计算产率。

2. 在 50mL 圆底烧瓶中加入 0.0224mol 季戊四醇（固体）、0.0960mol 直链烷基苯磺酸、0.30g 浓硫酸和 0.15g 活性炭，合成方法同步骤 1，得产物粗产品。将产物冷却到室温，过滤后，滤液用蒸馏水洗涤 2～3 次后，再用 10％ 的 NaOH 溶液洗涤，然后再水洗。干燥后，经柱色谱分离，蒸馏除去溶剂得到产物，计算产率。

3. 将上述分离纯化后的产品进行红外光谱表征，分析其结构。

【思考题】

1. 微波功率如何优化？
2. 产物纯化时为什么要用 10％NaOH 溶液洗涤？
3. 产物纯度可采用什么方法检测？

参考文献

[1] 张凤秀，叶霞，张光先，等. 微波辐射下三甲醇丙烷、季戊四醇与羧酸合成润清油类羧酸酯[J]. 有机化学，2004，(24)：1440-1443.

[2] 张凤秀. 润滑油类羧酸酯的绿色合成、光降解特性及其对土壤生态的影响[D]. 重庆：西南大学，2009.

实验三十一
局部麻醉剂苯佐卡因的合成及表征

【实验目的】

1. 通过苯佐卡因的合成了解药物合成的基本过程。
2. 学习多步有机合成实验路线的选择和最终产率的计算。
3. 掌握氧化、酯化和还原反应的原理及基本操作。
4. 了解有机化合物的几种表征方法。

【实验原理】

苯佐卡因，化学名为对氨基苯甲酸乙酯，无色斜方形结晶，无臭无味。分子量为165.19，熔点为88～90℃，易溶于醇、醚，能溶于杏仁油、橄榄油、稀酸，难溶于水。它是一种重要的药物合成中间体，多用于医药、塑料和涂料等的生产中。同时，苯佐卡因也是一种重要的局部麻醉药，有止痛、止痒作用，主要用于创面、黏膜表面以及痔疮麻醉止痛和痒症，其软膏还可用作鼻咽导气管、内窥镜等润滑止痛。苯佐卡因作用的特点是起效迅速，约半分钟后即可产生止痛作用，且对黏膜无渗透性，毒性低，不会影响心血管系统和神经系统。1984年，《美国药物索引》收载苯佐卡因制剂即达104种之多，苯佐卡因的市场前景非常广阔。目前，苯佐卡因的合成路线主要有以下5种：①以对甲基苯胺为原料，经酰化、氧化、水解、酯化制得苯佐卡因；②先用硫酸亚铁还原对硝基苯甲酸得对氨基苯甲酸，再与无水乙醇在酸性条件下酯化得苯佐卡因；③以对硝基苯甲酸为原料，先酯化后再采用金属铁、氯化铵与盐酸溶液等进行还原来制备苯佐卡因；④对硝基苯甲酸在盐酸条件下，以金属锡作催化剂与乙醇反应，即可一步得到苯佐卡因；⑤电解还原对硝基苯甲酸乙酯得苯佐卡因。

本实验选用方法①合成苯佐卡因，合成路线如下：

$$\underset{CH_3}{\underset{|}{C_6H_4}}-NH_2 \xrightarrow{CH_3COOH} \underset{CH_3}{\underset{|}{C_6H_4}}-NHCOCH_3 \xrightarrow[2. H^+, H_2O]{1. KMnO_4} \underset{COOH}{\underset{|}{C_6H_4}}-NH_2 \xrightarrow[H_2SO_4]{C_2H_5OH} \underset{COOC_2H_5}{\underset{|}{C_6H_4}}-NH_2$$

【仪器与试剂】

仪器：圆底烧瓶（100mL）、分液漏斗、布氏漏斗、烧杯、水浴锅、球形冷凝管、直形冷凝管、刺形分馏柱、熔点仪、干燥箱、红外光谱仪、毛细管。

试剂：对甲苯胺、冰醋酸、七水合硫酸镁（$MgSO_4 \cdot 7H_2O$）、锌粉、活性炭、高锰酸钾、无水乙醇、20%硫酸溶液、盐酸、10%氨水、10%碳酸钠溶液、无水硫酸镁、乙醚、红色石蕊试纸、亚硝酸钠、草酸、乙酸乙酯、环己烷、活性炭。

【实验步骤】

1. 对甲基乙酰苯胺（$M_r = 149.16$）的制备

在100mL的圆底烧瓶中加入10.7g（0.1mol，$M_r = 107.16$）对甲基苯胺后，缓慢加入14.4mL冰醋酸（0.25mol）及少许锌粉（约0.1g）（目的是防止对甲基苯胺氧化），混合均匀后，装上刺形分馏柱，其上一端装一蒸馏头，接一蒸馏装置。将圆底烧瓶在石棉网上用小火加热，使对甲基苯胺溶解，溶液成黄褐色。然后逐渐升高温度，维持温度在100~110℃，反应约1.5h，温度计读数下降，表示反应已经完成。在搅拌下趁热将反应物倒入200mL冰水中，冷却后抽滤析出的固体用冷水洗涤，粗产物用乙醇和水的混合液（乙醇-水体积比为7:3）重结晶，抽滤得白色固体，干燥，称重，测其熔点（对甲基乙酰苯胺的熔点为148~151℃），计算产率。

2. 对乙酰氨基苯甲酸（$M_r = 179.16$）的制备

在500mL烧杯中，加入7.5g（0.05mol，$M_r = 149.19$）对甲基乙酰苯

胺、20g（0.08mol，$M_r=246$）$MgSO_4 \cdot 7H_2O$、17.4g（0.11mol，$M_r=158.03$）高锰酸钾和420mL的水，将混合物充分搅拌并在水浴上加热到约85℃，维持此温度继续搅拌45min。混合物变成深棕色，趁热用两层滤纸抽滤，除去二氧化锰沉淀，不干净可以再过滤一次。如果滤液呈紫红色，则高锰酸钾过量，加少量无水乙醇至溶液无色，加20%硫酸溶液酸化至生成白色固体，抽滤，压干，干燥，计算产率，测其熔点（对乙酰氨基苯甲酸熔点为250～252℃）。

3. 对氨基苯甲酸（$M_r=137.16$）的合成

在100mL圆底烧瓶中加入9.0g（0.05mol）对乙酰氨基苯甲酸和约72mL 8%的盐酸溶液进行水解（以每克干产物用8mL 18%的盐酸来计算盐酸溶液的量），缓慢加热回流30min。待反应物冷却后，加入50mL冷水，然后用10%氨水中和，使反应混合物对红色石蕊试纸显示碱性。每30mL最终溶液加1mL冰醋酸，充分振摇后置于冰浴中骤冷以引发结晶，必要时用玻璃棒摩擦瓶壁引发结晶直到有白色晶体析出。抽滤，收集产物并压干，干燥，计算产率并测产物熔点（对氨基苯甲酸的熔点为186～187℃）。

4. 对氨基苯甲酸乙酯（$M_r=165.16$）的合成

在50mL圆底烧瓶中加入1.7g（0.0125mol）对氨基苯甲酸和23mL 95%乙醇，旋摇烧瓶使大部分固体溶解。将烧瓶置于冰浴中冷却，加入1.8mL浓硫酸，立即产生大量沉淀，将反应混合物在水浴上回流1.0h，并不时旋摇，将反应混合物转入烧杯中。冷却后分批加入10%碳酸钠溶液中和，直至再加入碳酸钠溶液后已无明显气体释放。反应混合物接近中性时，检查溶液pH，再加入少量碳酸钠溶液至pH为9左右。在中和过程中产生少量固体沉淀。将溶液倾析到分液漏斗中，向分液漏斗中加入15mL乙醚萃取两次，合并乙醚层，在水浴上蒸去乙醚和大部分乙醇，至残余油状物约4mL为止。残余油状物用50%乙醇的水溶液重结晶，然后用菊花滤纸过滤（也可以抽滤）。冰水冷却，抽滤，洗涤，干燥得白色结晶状固体。称重，计算产率，测产物熔点（对氨基苯甲酸乙酯熔点为90～91℃），并进行红外光谱分析。

【注意事项】

1. 对氨基苯甲酸是两性物质，碱化或酸化时要小心控制酸、碱用量。特别是在滴加冰醋酸时，须小心慢慢滴加，避免过量或形成内盐。

2. 酯化反应中，仪器需干燥。

3. 酯化反应结束后，反应液要趁热倒出，因为冷却后可能有苯佐卡因硫酸盐析出。碳酸钠的用量要适宜，用量太少产品不易析出，用量太多则可能使酯水解。

【思考题】

1. 在第一步的酰化反应中为什么要维持反应温度在 100～110℃？
2. 在第四步的中和过程中产生的少量固体沉淀是什么物质？

参考文献

[1] 欧守珍,陈年根,任兆平,等. 苯佐卡因合成工艺的改进[J]. 海南医学院学报,2007,13(2): 164-165.

[2] 张松林,王桂兰,李志鸿,等. 苯佐卡因制备新方法的研究[J]. 河南师范学院学报(自然科学版), 1992,20(3):120-122.

[3] 卢忠. 苯佐卡因的制备方法[J]. 数理医药杂志,2000,13(5):445-446.

实验三十二

铜基三唑类含能配合物的制备及催化活性研究

【实验目的】

1. 学习含能配合物的制备方法。
2. 学习用各类表征方法对铜基三唑类配合物进行分析。

【实验原理】

1. 含能材料的应用及铜基三唑类配合物的结构特点

含能材料是指在正常状态下处于亚稳态，当受到外界刺激（如摩擦、振动或者火花）后会快速产生大量热以及气体的一类物质。它是炸药、火箭推进剂配方的重要组成部分，目前已广泛用于军事、科技和工业等领域。传统的含能材料如 TNT(2,4,6-三硝基甲苯)、黑索金（环三亚甲基三硝胺）等分子中含有—NO_2 爆炸性基团，可以释放大量的热，并且价廉易得，已被广泛使用。但这些物质存在一些问题，如在意外碰撞、冲击作用下，敏感度高，容易引发爆炸事故。为克服这些不足，开发高能钝感的含能材料引起人们的关注。

三唑类配合物属于五元氮杂环化合物，三唑环上的氮原子具有丰富的配位模式（见图 32-1），既可作为中性分子进行配位，也可通过调节 pH、温度等使其质子化作为阴离子配位。并且，三唑上的氮原子容易形成氢键，能提高配合物的熔点，使其敏感度降低，成为高能钝感的含能材料。此外，三唑环也可以被—NH_2、—COOH、—NO_2 基团修饰，进而得到具有独特性质（磁性、荧光、吸附、含能、抑菌等）的配合物。例如引入氨基与羧基，不仅可以增加氮含量，而且羧基上的氧原子可使配合物更加接近于氧平衡，进而使配合物在含能材料方面有潜在的应用。

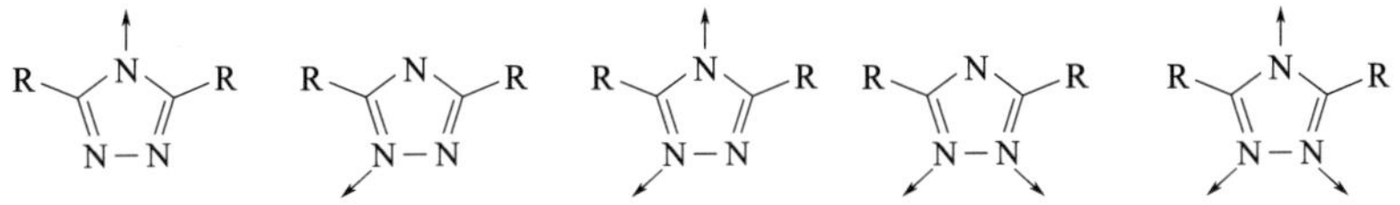

图 32-1 1,2,4-三唑配体的配位模式

本实验以 3-氨基-1,2,4-三唑-5-羧酸为配体合成系列含能配合物，在三唑上引入氨基基团以提高氮含量，增加配合物的密度；分子中的 NH 结构容易形成氢键，因此可提高其相应化合物的热稳定性。引入羧基基团可以提供燃烧过程中的氧含量及提供多样化的配位模式。中心离子可以选择过渡金属锰、铁、钴、铜，中心离子可以通过配位键与三唑类配体组装成一系列含能配合物。

2.配合物单晶的培养方法

晶体的生长是一个动力学过程，由内因（分子间色散力及氢键）和外因（溶剂的极性、挥发或扩散速度及温度）决定。晶体的培养实质上是饱和溶液重结晶的过程。配合物单晶的培养方法有：

（1）溶剂缓慢挥发法

依靠溶液的不断挥发，使溶液由不饱和状态达到饱和或过饱和状态，从而析出单晶。不同溶剂可能培养出不同结构的单晶。在操作时将纯的化合物溶于适当溶剂或混合溶剂（易挥发的良溶剂和不易挥发的不良溶剂的混合液）中，形成很稀的溶液，再用惰性气体氮气或氩气鼓泡除氧，容器用封口膜封住，并扎几个小孔，以缓慢挥发溶剂，静置培养。为了让晶体长得致密，要挥发得慢一些，溶剂挥发性大的可置入冰箱，依据室温高低，单晶大概要生长几天到几星期。

（2）扩散法

利用两种完全互溶的且沸点相差较大的有机溶剂。固体易溶于高沸点的溶剂，难溶或不溶于低沸点的溶剂。在密封容器中，使低沸点溶剂挥发进入高沸点溶剂中，降低固体的溶解度，从而析出晶核，生长成单晶。一般选难挥发的溶剂，如 DMF、DMSO、甘油甚至离子液体等。

（3）水热法

是一种在高温高压的水溶液体系中进行的化学合成法。在密封的反应釜中，水在高温下形成高压环境，这种特殊的环境可以改变物质的溶解度、反应活性等性质。对于配合物单晶的制备来说，高温高压有助于配体与金属离子间的配位反应进行，促进晶体的成核与生长过程。

无论选择哪种方法合成配合物单晶，都要按照化学计量比准确称量配体和金属盐，通常以水为主要溶剂，有时也会加入少量的其他有机溶剂来调节反应体系的性质。例如，在一些反应中，如果仅用水溶解性不好，可以适当加入乙醇等有机溶剂。溶剂的选择会影响反应物的溶解度、扩散速率等，进而影响晶体的生长。

经过一段时间的培养，如果肉眼可见容器底部有小颗粒，观察其是否光泽发亮、有规则的外形。再用显微镜进行观察，选取表面光滑、不粘杂质、内部不要有气泡和裂缝的晶体，用针尖沾有凡士林的细针粘晶体，放入小封口管中密封保存。

3.铜基三唑类配合物的表征以及对高氯酸铵催化性能的研究

分别采用红外光谱仪、热重（TG-DTG）分析仪、差示扫描量热仪（DSC）对三唑类配合物中配位原子与过渡金属离子的配位情况以及热稳定性进行表征分析。

高氯酸铵（AP）具有能量高、密度大、相容性好、成本低等特点，是目前广泛使用的固体氧化剂。它作为固体推进剂的主要组分，实现其催化燃烧可以有效地提高火箭推进剂的性能。本实验采用 DSC 表征方法测定铜基三唑类配合物对推进剂 AP 的热分解行为的影响，分析它们二元混合体系的热分解特性。

【仪器与试剂】

仪器：傅里叶变换红外光谱仪、X 射线单晶衍射仪、热重分析仪、电子分析天平（0.1mg）、磁力搅拌器、奥斯微三目体视显微镜等。

试剂：3-氨基-1,2,4-三唑-5-羧酸（H_2atzc）、硝酸铜［$Cu(NO_3)_2 \cdot H_2O$］、高氯酸铵（AP）、NaOH 溶液（1mol·L^{-1}）、HCl 溶液（1mol·L^{-1}）、甲醇、凡士林、高纯氩气等。

【实验步骤】

1. 配合物［Cu(atzc)(H_2O)］的制备

将 H_2atzc（6.4mg，0.05mmol）溶解于 1mL 1mol·L^{-1} NaOH 溶液中，加入 4mL H_2O，用 1mol·L^{-1} HCl 溶液调节 pH=6.0，置于试管底部。将 4mL 甲醇溶液置于试管中部（甲醇与水的体积比为 1∶1），再将 10.3mg（0.05mmol）的 $Cu(NO_3)_2 \cdot H_2O$ 溶解于 4mL 甲醇溶液中（甲醇与水的体积比为 3∶1），置于试管上部。约三周后得到蓝色块状晶体，过滤干燥后称量，计算产率（约为 48%）。

2. 配合物的表征

将配合物用溴化钾压片，进行红外光谱表征（波数范围为 400～4000cm^{-1}）。配合物的单晶结构通过 X 射线单晶衍射仪测定。利用 SHELXTL-97 程序对配合物的单晶衍射数据进行还原、解析与精修。选用直接法确定金属原子中心的位置。采用最小二乘法和差值函数得到非氢原子的坐标，并进行各向异性修正。

3. 对 AP 热分解的催化作用

使用热重分析仪对样品进行测定，以 α-Al_2O_3 为参比，使用敞口纯铝坩埚，样品为 AP 与铜基三唑类配合物质量比为 3∶1 的混合样品，样品用量小于 1.0mg，升温速率分别为 5℃·min^{-1}、10℃·min^{-1}、15℃·min^{-1}、20℃·min^{-1}，气氛为流动氩气。依据 Kissinger 方程与 Ozawa-Doyle 方程对配合物的表观活化能 E 与指前因子 A 进行计算。

参考文献

[1] 武焕平. 一类三唑衍生含能配合物的构筑及其燃烧催化性能研究[D]. 银川：宁夏大学, 2019.

第三部分
研究性与设计性化学实验

实验三十三
Fe_3O_4 纳米磁性复合材料的合成与应用研究

【实验目的】

1. 了解纳米磁性复合材料的特点、功能及应用。
2. 了解农药残留检测技术、重金属离子的吸附、催化剂作用原理等。
3. 掌握 Fe_3O_4 纳米磁性复合材料的合成方法。
4. 了解气相色谱仪的原理和使用方法。

【实验原理】

纳米磁性复合材料是以纳米磁性颗粒为核,通过键合、偶联、吸附等相互作用,包裹上一种或几种疏水基团或亲水基团而形成的无机复合材料或有机复合材料。Fe_3O_4 纳米磁性复合材料是以纳米 Fe_3O_4 为核的一类纳米磁性复合材料。由于其制备方法多样、工艺相对容易控制,具有结构与功能的可预期性、可调控性和可剪裁性且应用广泛而成为国内外科学家的研究热点。

Fe_3O_4 纳米磁性复合材料的制备主要分为两步:①纳米磁性颗粒或纳米磁流体的合成;②纳米磁性颗粒或磁流体包裹。Fe_3O_4 纳米磁性颗粒的制备方法主要有物理粉碎法和化学制备法两种。其中,化学制备法又分为溶胶-凝胶法、化学沉淀法和微乳沉淀法等。

由于 Fe_3O_4 纳米磁性颗粒本身的耐酸性和与其他物质的相容性较差,因此，通常使用实用的 Fe_3O_4 纳米材料，它是经修饰后的 Fe_3O_4 纳米磁性复合材料。对 Fe_3O_4 纳米磁性颗粒进行修饰可以改善或改变纳米粒子的分散性，提高微粒的表面活性，使微粒表面产生新的物理、化学、力学性能等新功能，改善纳米粒子与其他物质的相容性等，从而使材料本身具有许多特有的性质。目前，Fe_3O_4 纳米磁性复合材料的制备方法主要有直接包埋法、单体聚合法和分散聚合法等。

Fe_3O_4 纳米磁性复合材料在材料、化学、医学、环境工程和生物等领域具有广泛的应用前景。例如，磁性纳米颗粒作为靶向药物、用于细胞分离等医疗应用，是当前生物医学的热门研究课题，有的已步入临床试验阶段，如已有科学家用磁性纳米颗粒成功地分离出动物的癌细胞和正常细胞，在治疗人骨髓癌的临床试验中初获成功。有的学者将所制得的 Fe_3O_4 磁性微球用于检测痕量的药物。此外，可利用 Fe_3O_4 纳米材料对环境中的污染物进行磁分离去除。

本实验采用偶联法、分散聚合法等，通过化学键偶联到 Fe_3O_4 磁核的表面得到硅烷化、高分子固载化 Fe_3O_4 纳米磁性复合材料。得到的材料性质稳定，可应用于农药残留的富集、净化及检测，以及重金属离子的吸附等。

【仪器与试剂】

仪器：分析天平，原子吸收光谱仪、红外光谱仪、元素分析仪、XRD、TEM、振动样品磁强计（VSM）、TGA、超声清洗器、电动搅拌器、真空干燥箱、循环水式真空泵、气相色谱仪、固相萃取装置、722 型可见分光光度计、三口烧瓶、容量瓶、烧杯等。

试剂：硫酸亚铁（$FeSO_4 \cdot 7H_2O$）、硫酸铁 $[Fe_2(SO_4)_3]$、Fe_3O_4、NaOH 溶液（$6mol \cdot L^{-1}$）、C_{18} 硅烷偶联剂（$C_{18}H_{37}SiCl_3$）、无水乙醇、甲苯、$CuSO_4 \cdot 5H_2O$、油酸、过氧化苯甲酰（BPO）、聚乙烯醇（PVA）、苯乙烯（St）、丙烯酸（AA）、对苯乙烯（DVB）、缩水甘油基甲基丙烯酸酯（GMA）。

【实验步骤】

1. 纳米 Fe_3O_4 的合成

称取 13.9g $FeSO_4$ 和 20g $Fe_2(SO_4)_3$，倒入 500mL 三口烧瓶中，加 50mL 蒸馏水，60℃下加热溶解。在 N_2 保护下，滴加 $6mol \cdot L^{-1}$ NaOH 溶液

至 pH 为 11。60℃恒温下，搅拌速度为 250r·min^{-1}，反应 1h。反应完毕，用蒸馏水反复洗涤至 pH 为 7，磁分离。放入真空干燥箱中，60℃干燥 12h。

2.纳米 Fe_3O_4 复合材料的合成

用蒸馏纯化装置制取无水甲苯，待用。称取 0.5g Fe_3O_4，加入 25mL 甲苯，超声处理 1h。待超声分散的 Fe_3O_4 微粒沉积后，移出上层清液，加入分散介质，使悬浮液体积达到 25mL。在 N_2 保护下，缓慢加入占溶液体积 2% 的 $C_{18}H_{37}SiCl_3$，保持系统封闭。50℃恒温下，强烈搅拌 5h。反应结束后，用甲苯不断洗涤，磁分离。放入真空干燥箱中，60℃干燥 12h。

3.油酸包覆纳米 Fe_3O_4

向实验步骤 1 得到的洗涤好的纳米 Fe_3O_4 中加入 300mL 的无水乙醇，经超声波振荡后转移到 500mL 三口烧瓶中，水浴加热到 80℃时，在 20min 内不间断滴加 10mL 油酸到三口烧瓶中，恒温反应 20min。反应完毕，用蒸馏水洗涤 2 次，磁分离。再用无水乙醇洗涤 2 次。将油酸包覆纳米 Fe_3O_4 颗粒放在真空干燥箱中干燥 12h。

4.高分子包覆纳米 Fe_3O_4 复合材料 ${Fe_3O_4[poly(AA-St-DVB)]}$ 的合成

称取 1g 干燥好的油酸包覆纳米 Fe_3O_4 颗粒，加入 500mL 三口烧瓶中，再加入 1mLDVB、4mL AA、6mLSt，再加入 PVA 溶液（分散剂，2g PVA 溶于 200mL 的去离子水中）。超声 5min，并不断搅拌。水浴加热到 80℃时，加入 BPO 溶液（引发剂，1g BPO 溶于 20mL 的无水乙醇中），恒温反应 3h。反应完毕，用蒸馏水反复洗涤 2 次，磁分离。再用无水乙醇洗涤 2 次。将油酸包覆纳米 Fe_3O_4 颗粒放在真空干燥箱中干燥 12h。变换各单体配比，结合下述表征和性质实验优化材料的合成。

5.高分子包覆纳米 Fe_3O_4 功能化高分子磁性催化剂 ${Fe_3O_4[poly(MMA-DVB-GMA)Salen-M]}$ 的合成

将 2g PVA 217 溶解在 500mL 的去离子水中，加热溶解，以此溶液作为分散剂；将油酸包覆好的 Fe_3O_4 颗粒放入 PVA 溶液中，将单体 MMA、DVB、GMA 溶解在乙醇中，在搅拌过程中加入反应体系中，超声 2min，使反应体系分散均匀。将 1.0g BPO 溶解在 20mL 热的乙醇溶液中，在搅拌过程中加入反应体系中。在 80℃及 400r·min^{-1}的转速下，反应 3h。产品在磁场下回收分离，用去离子水和乙醇超声清洗各 3 次，每次超声清洗 1min。洗涤后的产品在 60℃真空干燥 12h，得到高分子包覆纳米 Fe_3O_4 复合材料 $\{Fe_3O_4[poly(MMA-DVB-GMA)]\}$。该复合材料进一步与乙二胺、水杨醛，以及金属离子作用得到 $\{Fe_3O_4[poly(MMA-DVB-GMA)Salen-M]\}$。

6. 纳米 Fe_3O_4 及纳米 Fe_3O_4 复合材料的表征

采用红外光谱仪、原子吸收光谱仪、XRD、TEM、VSM、TGA 等对纳米 Fe_3O_4 及纳米 Fe_3O_4 复合材料进行表征，记录和归属主要特征峰、Fe 含量、材料的晶形和形貌的尺寸等。

7. Fe_3O_4 纳米磁性复合材料在农药残留分析中的应用

（1）应用纳米磁性复合材料进行农药残留检测的方法

在含有待测物的提取液中加入磁性复合铁材料，搅拌，磁分离。再用洗脱剂洗脱，得到富集、净化的待测物溶液，用仪器进行测定。

采用纳米磁性复合材料为填料制备可用于净化、富集农药残留物的固相萃取柱（SPE 柱）。纳米磁性复合材料（填料）在磁场作用下，选择性地富集待测物，在退磁状态下洗脱。

（2）Fe_3O_4-C_{18} 复合材料用于富集、净化食品中的有机磷农药

准确称取 5g 左右食品样品于 50mL 离心管中，加入 20mL 丙酮，超声提取 10min，在 5000r·min^{-1} 转速下离心。分别采用 Fe_3O_4-C_{18} 复合材料和传统 C_{18} 材料富集、净化食品中的有机磷农药。以 1.00mg·kg^{-1} 洋白菜的 14 种有机磷农药（甲胺磷、敌敌畏、乙酰甲胺磷、九效磷、甲拌磷、乐果、甲基对硫磷、杀螟硫磷、马拉硫磷、倍硫磷、对硫磷、杀扑磷、三唑磷、乙硫磷）的加标样品（平行 5 次），采用气相色谱-氮磷检测器（GC-NPD）检测。求各实验条件下的 5 个平行样的回收率和重复性 RSDs，推算方法的检出限。

8. 高分子包覆纳米 Fe_3O_4 复合材料 $\{Fe_3O_4[poly(MMA-DVB-GMA)]\}$ 在重金属离子吸附中的应用

（1）铜标准溶液的制备

准确称取 0.3930g 硫酸铜于 50mL 烧杯中，加少量水溶解，转移至 100mL 容量瓶中，用蒸馏水稀释至刻度，试液浓度为 1000mg·L^{-1}。根据实验需要配制浓度为 2mg·L^{-1}、5mg·L^{-1}、10mg·L^{-1}、20mg·L^{-1} 和 40mg·L^{-1}

的工作液。

(2) 对铜离子溶液进行吸附

用量筒量取 40mL 浓度为 $5mg·L^{-1}$ 的铜离子溶液加入 100mL 的烧杯中，然后用滴管取一定量的氨水，调溶液的 pH 到 8。再用分析天平称取 100mg 的吸附剂，待水浴锅中水温达到 45℃时，把吸附剂倒入铜离子溶液中。最后把烧杯放于水浴锅中进行吸附反应，在磁力搅拌下进行 1.5h 的吸附反应。反应结束后，磁分离，再用针筒过滤上清液。

(3) 对吸附后的溶液进行铜离子含量的检测

用原子吸收光谱仪对吸附后的溶液进行检测，并记录数据，计算出相关数据。

(4) 吸附条件优化与吸附量的计算

分别考察吸附温度、初始浓度、吸附时间、吸附体系 pH 等对吸附条件和效果的影响，计算出相关数据，绘制出相关的趋势图，计算吸附量。

【思考题】

1. 如何通过控制实验条件保证合成的 Fe_3O_4 及 Fe_3O_4 复合材料是纳米级的？

2. 试比较采用纳米 Fe_3O_4-C_{18} 复合材料与传统材料富集有机磷农药的优势？并讨论还有哪些可以改进的地方？

实验三十四

分子筛的制备及其物性测定

【实验目的】

1. 了解分子筛的结构特点及分类。

2. 学习 FeAPO-44 分子筛的制备方法及反应釜的操作方法。

3. 了解 X 射线衍射仪的构造和基本原理，并掌握定性分析方法。

【实验原理】

分子筛是一种人工合成的具有筛选分子作用的水合硅铝酸盐或天然沸石，是一种新型的高效能和高选择性的吸附剂。近年来，分子筛作为催化剂和催化剂的载体，已广泛应用于石油炼制和化学工业中。

分子筛又称沸石，是一类结晶的硅酸盐，其化学组成一般表示为：

$$M_{2/n} \cdot Al_2O_3 \cdot x SiO_2 \cdot y H_2O$$

式中，M 为金属离子；n 为金属离子的化合价；x 为 SiO_2 的物质的量；y 为结晶水的物质的量。SiO_2 与 Al_2O_3 的配比不同可形成不同类型的分子筛。各种分子筛的类型随 SiO_2 的物质的量不同而有所区别（A 型分子筛：$x=2$；X 型分子筛：$x=2.1\sim3.0$；Y 型分子筛：$x=3.1\sim5.0$；丝光沸石：$x=9\sim11$）。当 SiO_2 含量不同时，分子筛的性质如耐酸性、热稳定性等也不同。不仅如此，不同类型的分子筛其晶体结构也不相同，由此各分子筛表现出自己所独有的性质。

分子筛是由硅氧四面体和铝氧四面体通过氧桥键相连而形成分子尺寸大小（通常为 0.3～2nm）的孔道和空腔体系。这些四面体是构成分子筛骨架的最基本结构单元，通过共用氧原子，初级结构单元可以进一步形成次级结构单元，如四元环、六元环、双六元环、双八元环等。这些次级结构单元再通过共享氧原子连接，能够形成特征的笼、链和层状结构单元，最终形成复杂的三维空间结构。在某一型号的分子筛中，不完全是由一种环组成，这样同一分子筛可有不同的孔径。

分子筛中的硅氧四面体中的 Si 为四价，而铝氧四面体中的 Al 是三价，它们分别与四个氧配位，构成带负电性的四面体。所以，整个硅氧铝骨架带负电荷，为此必须吸附阳离子以保持电中性平衡。通常在合成分子筛时，在骨架中每个铝氧四面体附近携带一个 Na^+，使整个分子筛保持电中性。所以，分子筛结构中 Na 和 Al 的原子数相同。

分子筛中硅氧四面体和铝氧四面体连接成的孔道规则而均匀，这些孔道直径为分子大小的数量级。这些孔道内总被吸附水和结晶水所占据，加热脱水后的分子筛就能吸附直径比它们孔道直径小的分子。分子筛的孔道具有非常大的内表面，由于晶体晶格的特点而具有高度的极性，因而对极性分子和可极化分子具有较强的吸附能力，这样可以按吸附能力的大小对某些物体进行选择性分离。分子筛骨架结构上所携带的 Na^+ 具有离子交换性能，为适合分子筛的各种不同用途，常把它交换成其他阳离子，交换的顺序与分子筛的孔径大小及离子的化合价有关。经离子交换后，分子筛的化学物理性质有了极大的变化，因而可具有良好的催化性能。交换离子的不同及交换程度的不同，分子筛的催化性能也不同。因此，分子筛催化剂可通过交换的方法来调整其催化活性和选择性。

分子筛的制备常用水热法，首先是成胶，即将 SiO_2 和 Al_2O_3 在过量碱存在下在水溶液中混合形成碱性硅铝胶；然后是晶化，即在适当的温度及相应的饱和水蒸气压下将处于过饱和状态的碱性硅铝胶转化为晶体。在制备过程中，原料的配比、体系的均匀度、反应温度、pH、晶化时间对分子筛的形成和性能都有很大影响。一般规则为：溶液 pH 高，促进晶体生长；硅铝比愈大，反应时间愈长；原料中氧化硅应有一定的过量。常用硅的原料有硅酸、硅胶、硅酸钠等，铝的原料有氢氧化铝、硝酸铝、硫酸铝、铝酸钠等。

FeAPO-44 分子筛即是其中的一种，它的骨架由 PO_4、AlO_4、FeO_4 四面体构成，其结构类似于菱沸石，属小孔沸石类，孔径大小约为 0.43nm。本实验通过水热法合成 FeAPO-44 分子筛，并对其结构进行表征分析。

【仪器与试剂】

仪器：X 射线衍射仪、磁力搅拌器、烧杯（100mL）、不锈钢反应釜、显微镜等。

试剂：磷酸（85%）、氢氧化铝、硫酸亚铁（$FeSO_4 \cdot 7H_2O$）、苯胺、醋酸、氨水等。

【实验步骤】

1. FeAPO-44 分子筛的合成

取一个洁净的 100mL 小烧杯，分别加入 4.0g 磷酸、2.9g 氢氧化铝，搅拌下加热至沸，放置至室温；再加入 36g 水、2.6g $FeSO_4 \cdot 7H_2O$，搅拌至晶体完全溶解；然后，在搅拌下加入 3.0g 苯胺（作为模板剂，它是在分子筛晶体生长过程中起结构导向作用的物质），形成均匀的胶状物。

将上述胶状物用醋酸或氨水调其 pH 为 6.0～6.5（用精密 pH 试纸测定），

装入内镶聚四氟乙烯内衬的不锈钢反应釜中，旋紧釜帽，使之密封不漏气，然后在事先已调好温度（150℃）的烘箱中晶化20h。

晶化完后，取出反应釜，冷却至室温，打开反应釜，将产物倾入烧杯中；用倾析法洗净晶体，于室温下晾干，即得FeAPO-44分子筛原粉。

2.分子筛的结构表征

运用X射线衍射仪对合成的产品进行物相分析，并比对标准衍射图谱。

【思考题】

1.制备分子筛过程中影响其类型和物性的因素有哪些？

2.模板剂在合成中起什么作用？

实验三十五

Gaussian程序的使用——甲醛分子与氢原子反应动力学过程研究

【实验目的】

1.从实际操作出发，掌握Gaussian程序的使用方法，以便得到预期的结果。

2.学习并掌握测定热力学性质的基本原理和方法。

3.学习并掌握测定动力学性质的基本原理和方法、过渡态的寻找方法和反应活化能的计算方法。

4.学习反应过程的分析方法及实验数据处理方法。

【实验原理】

目前有许多很好的计算化学程序，其中Gaussian是一个最普及的程序，它最早的版本是1970年的Gaussian 70，本实验采用Gaussian 03版本。它可以进行各种类型的从头算、半经验和密度泛函（DFT）计算，而且有PC端的版本，很容易使用。

量子化学是应用量子力学的基本原理研究原子、分子和晶体的结构和性质。它以计算机为主要工具来研究物质的微观结构与宏观性质的关系，是用以解释和预测分子结构和化学行为的通用手段。量子化学的发展从1928年Pauling提出价键理论，Mulliken提出分子轨道理论，到Bethe的配位场理论，Woodward和Hoffmann的分子轨道对称守恒原理，福井谦一的前线轨道理论，一直到1998年Kohn的电子密度泛函理论和Pople的量子化学计算方法及模型化学，至今为止它已成为一门独立的，同时也与化学各分支学科以及物理、生物、计算数学等互相渗透的学科，在各个学科领域中得到了广泛的应用，如材料、能源、化工生产以及激光技术等领域。

量子化学对于相关体系的研究是通过求解体系的Schrödinger方程来实现的。到目前为止，仅对简单的H、H^+和He得到了精确解。多体理论是量子化学的核心问题。由n个粒子构成的量子体系的性质可由n个体系的波函数来描述。然而直接求解n个粒子体系的薛定谔方程是很困难的，为解决这个问题，人们建立了各种近似的方法。Born和Oppenheimer提出的定核近似，将Schrödinger方程分解为核运动方程和电子运动方程。在此基础上，Hartree和Fock建议把任意电子的运动看成在原子核及其他电子的平均势场中独立运动，提出单电子近似，从而整个多电子体系波函数等于所有电子的单电子波函数的乘积，并设想用自洽场迭代方法求解，即Hartree-Fock方法。1951年，Roothaan将分子轨道用原子轨道的线性组合展开（LCAO近似），得到HFR方程，从此方程出发，算出分子中每个电子波函数，继而求出分子波函数。

量子化学从头计算方法于20世纪60年代在国际上开始流行起来，随着计算机技术的发展，到了20世纪70年代得到了广泛的研究和应用。由于其理论的严格性和计算结果的可靠性，在各种量子化学计算方法中居主导地位。它是求解多电子体系问题的量子理论全电子计算方法，在分子轨道理论基础上，仅利用三个基本物理常数（Plank常数、电子静止质量和电量），不借助经验参数，计算全部电子的分子积分，求解Schrödinger方程。在这个过程中引入了三个基本近似：非相对论量子理论，即从Schrödinger方程出发；Born-Oppeneimer近似；单电子近似（即轨道近似）。

过渡态理论又称为活化配合物理论或绝对反应速率理论，自从1935年

Polanyi 和 Eyring 提出后,经历了两次大发展,第一次是在 20 世纪三四十年代;20 世纪 70 年代后又出现了研究过渡态理论的新热潮。这些工作多在剖析过渡态理论的假设,研究其力学图像,考察了量子效应等。

选择从头算基函数的规则:选取一种经济有效的基函数应考虑体系中不同原子的性质及实际的化学环境。描述一般体系时可根据该原子在元素周期表中的位置从左向右依次增加极化函数或弥散函数,对荷负电原子,则应使用更多的基函数以及适当的极化函数或弥散函数;对荷正电原子,基函数的用量可适当减少;对正常价态的饱和共价键各原子不需加极化或弥散函数;对氢键、弱相互作用体系、官能团及零价或低价金属原子等敏感体系则需加极化或弥散函数。据此,可在适中的基函数和能承受的计算量下得到具有相当可靠性的计算结果。此方案可适用于 Hartree-Fock 方法、Moller-Plesset 和密度泛函理论等计算中,并对化学、材料科学和生命科学研究广泛的大体系计算具有重要的实际应用。

Gaussian-03 程序的内存基组及含义:Gaussian-03 内对应的基组关键词为:STO-3G、3-21G、6-31G、6-31+G*、6-311G、6-311G**、6-311++G**、6-311+G(3df)、aug-cc-pvNz($N=2,3,4,5,6$)。STO-3G 是最小的基组,每一个基本函数中含有三个高斯函数,于是就有了 3G 的名称,STO 代表 Slater 形的轨道,这样,STO-3G 就表示采用三个高斯函数来描述 Slater 轨道。增大基组的一个方法就是增加每个原子基函数的数量,如 3-21G 和 6-31G,对于价键轨道都是用两个函数描述的。本实验主要选用 6-31G**、6-311G**、6-311++G**。6-31G* 也称为 6-31G(d,p),是在 6-31G 基组的基础上加入极化函数。对于重原子增加了 d 轨道的成分,在氢原子轨道中加入了 p 的成分。还有些基组除了定义极化函数外,还附加了弥散函数,用+和++代表,如 6-311++G**。所有的这些因素加和起来就是整个的基组关键词代表的含义。

【实验步骤】

(1) 利用作图软件 Gaussview 构建 CH_2O 和 H 原子体系,设置合适的参数。

(2) 在 Gaussian 03 程序中进行作业类型设定,即通过一个或一组关键词指定程序要做的作业。其中最重要的关键词,是本实验要用到的 hf（Hartree-Fock 自洽场分子轨道）方法和一些简单的基组。本实验的后面将会对其予以定性描述,更为详细的介绍参见理论部分,供有兴趣的同学进一步学习参考。

（3）分子输入,即用内坐标（用键长、键角、二面角这 3 个变量定义分子中原子核的位置）方法为目标分子设定计算的坐标,并且固定 O—H 键长。

（4）根据实验设计对相关原子间距进行调整,判断过渡态取值点,并且做振动分析进行确认,输入过渡态命令计算反应体系的过渡态结构,并根据负本征值和虚频率对结构进行确认。

（5）输入反应途径命令,计算原子间距沿反应坐标的变化趋势。

（6）计算结果的解读,包括两方面的内容：其一是对计算过程的正确理解；其二是正确采集有用的结果数据,将在实验报告要求中给出具体的要求。

【结果与讨论】

在教师指导下完成。

实验三十六

从玉米黄浆中提取玉米黄色素及蛋白质制备复合氨基酸

【实验目的】

1. 依据资源综合利用的现代观念,了解和学习农副产品深度加工的发展趋势,应用综合知识和技能设计并研究出该课题的技术工艺。

2. 掌握样品处理方法及萃取、蒸馏、产物鉴定等操作。

3. 学习开题报告、技术开发总结报告、技术经济评价分析的撰写方法。

4. 掌握进行工艺技术开发的程序和基本方法,能够综合应用有机化学、物理化学、化学与工艺、分析化学等知识。

【仪器与试剂】

仪器：电热套、圆底烧瓶、冷凝管、蒸馏装置、折射仪、气相色谱仪等。

试剂：玉米黄浆、石油醚、无水乙醇等。

【设计提示】

通过查阅文献，将文献中给出的各种优化工艺结果进行对比研究。

1.探索利用溶剂提取色素的方法。

2.探索利用化学试剂（如酸、碱）及生物试剂（如酶）水解蛋白质的方法。

3.对研究结果进行工艺技术评价分析。

4.将制备的粗产品，经洗涤、干燥、蒸馏、色谱分离、结晶等过程得纯品。

5.经折射仪、紫外-可见分光光度计、元素分析仪等检测产物。

【实验要求】

按照设计提示和实验目的，撰写研究的开题报告、研究方案，交与老师审阅并同意后进行实验研究，按期提交研究报告，制备 2～10g 的产品。

实验三十七
煤基活性炭材料性质的分析和评价

【实验目的】

1.了解活性炭的分析和评价指标及其原理。

2.应用化学分析法、电位分析法、红外光谱法对煤基活性炭样品进行测试。

3.学会利用产品标准及测试标准方法进行研究。

4.了解和学习煤基活性炭的用途、性质。

【仪器与试剂】

仪器：傅里叶变换红外光谱仪、物理吸附仪、Zeta 电位仪、数显恒温振荡器、电子分析天平等。

试剂：溴化钾、氢氧化钠、碳酸钠、碳酸氢钠、酚酞、溴甲酚绿、甲基红、95%乙醇等。

【设计提示】

通过查阅文献和相关标准，将文献中给出的各种测试方法进行对比分析研究。

1. 对照产品指标设计方案，通过 Boehm 滴定法来测定煤基活性炭表面的羧基、羟基等官能团的数量，再结合红外光谱法分析其表面的官能团。

2. 对分析测试方法的优缺点进行评价分析。

【实验要求】

按照设计提示和实验目的，撰写研究的开题报告、研究方案，交与老师审阅并同意后进行实验研究，按期提交研究报告。结合设计提示至少完成 2 个指标的分析测试。

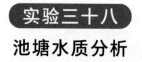

池塘水质分析

【实验目的】

1. 了解池塘水质分析和评价指标及其原理。

2. 应用化学分析法、电导法、紫外-可见分光光度法等对池塘水质进行测试。

3. 学会利用有关国家标准及测试标准方法进行研究。

【仪器与试剂】

仪器：电导率仪、酸度计、紫外-可见分光光度计、离心机、循环水式真空泵、抽滤装置、锥形瓶、酸式滴定管等。

试剂：高锰酸钾、硫酸、草酸钠等。

【设计提示】

通过查阅文献，将文献中给出的各种指标及其分析方法应用于该实验研究中。

1. 利用化学分析方法，测定池塘水的化学需氧量（COD）。

2. 通过实验室现有的酸度计、电导率仪、紫外-可见分光光度计等对水质的酸碱性、金属离子含量以及有机物的含量进行定性判断。

【实验要求】

按照设计提示和实验目的，撰写研究的开题报告、研究方案，交与老师审阅并同意后进行实验研究，按期提交研究报告。结合设计提示至少完成3个指标的分析测试。

实验三十九

含芳烃废水的超声降解

【实验目的】

1. 了解声化学的基本原理。
2. 了解声化学在治理难降解生物有毒有机污染物中的应用。
3. 学习含单环芳香烃废水的超声降解方法。
4. 掌握超声波发生器和紫外光谱仪的使用方法。

【实验原理】

声化学也叫超声波化学，是指利用超声波加速化学反应或提高产率的一门新兴交叉学科，其应用领域已涉及有机合成、生物化学、分析化学、高分子材料、表面加工、生物技术及环境保护等方面。20世纪90年代以来，国内外开始研究将超声波化学应用于水污染控制，尤其是在废水中难降解有毒有机污染物的治理方面，取得了令人满意的效果。

声化学反应主要源于声空化效应以及由此引发的物理和化学变化。液体的声空化过程是集中声场能量并迅速释放的过程，即液体中产生气泡且这些气泡在极短的时间内崩溃。在空化泡崩溃的极短时间内，会在其周围的极小空间范围内产生出 1900~5200K 的高温和超过 5MPa 的高压，温度变化率高达 $10^9 K \cdot s^{-1}$，并伴有强烈的冲击波和时速高达 $400 km \cdot h^{-1}$ 的射流。这些条件足以打开结合力强的化学键（$90 \sim 100 kcal \cdot mol^{-1}$，$1kcal = 4.18kJ$），并且促进"水相燃烧"（aqueous combustion）反应。声化学促进的反应包括：分子破碎、氧化-还原、有机卤代物脱卤以及产生自由基等反应。例如，水分子中 O—H 键的键能约为 $119.5 kcal \cdot mol^{-1}$。在超声波作用下，可发生下列反应：

$$H_2O \xrightarrow{超声波} \cdot H + \cdot OH$$

这些自由基具有很强的氧化能力，可以使在常规条件下难分解的有毒有机污染物降解。超声波技术应用于难降解有毒有机污染物的分解作用，主要是当超声波作用于水体环境时，其高能量的输出将产生涡旋气泡。而气泡内部的高温高压状态可将水分子分解生成强氧化性的氢氧自由基，这些自由基对于各种有机物都有很高的氧化反应速率，可将其氧化分解成其他较简单的分子，最终生成 CO_2 和 H_2O。

超声降解有机物的机理可主要归纳为以下 3 个方面：

（1）热分解

热分解发生在空化泡内，可以将进入空化泡中的液体分子或溶于水的有机物气化。聚集在空化泡内的能量足以将难断裂的化学键打断。

（2）·H 自由基氧化

在水溶液中，主要的热反应是将水分子分解。空化泡内产生高活性的·H 和·OH，它们进入水溶液与水中的有机物进行接触并将有机物氧化。在空化泡内主要发生热分解反应，而在空化泡外主要发生自由基氧化反应。具有亲水性和易挥发性的有机物容易被降解，而疏水性和不易挥发的有机物不容易被降解。

（3）等离子化学和高级氧化

空化泡内表面上的温度和压力都超过了临界条件（647K，22.1MPa），超临界流体具有类似气体的良好的流动性，同时又有远大于气体的密度，因此具有许多独特的理化性质。在临界状态下，废水中所含的有机物被分解成 H_2O、CO_2 等简单的小分子。

利用超声空化效应分解水体中难生物降解的有毒有机污染物，是近年来兴起的一个研究领域，目前尚处于探索阶段，有许多问题需要解决，如降解中间产物的鉴定、降解机理、反应器的放大设计以及反应过程的定量化描述等。根据相关文献资料，利用超声波技术对水体中的单环芳香烃进行降解。

【仪器与试剂】

仪器：超声波发生器、紫外-可见分光光度计等。

试剂：苯、甲苯、氯苯、甲醇等。

【实验步骤】

1. 模拟废水的配制

取一定量试剂苯、甲苯、氯苯，用蒸馏水稀释，分别配制成浓度 $8mg \cdot L^{-1}$ 左右的苯、甲苯、氯苯模拟废水（临用前配制，必要时可用甲醇助溶）。

2. 工作曲线的绘制

将苯配成一系列浓度的溶液，用紫外-可见分光光度计测其吸光度，绘制浓度与吸光度的工作曲线。同样分别作甲苯、氯苯的标准工作曲线。

3. 超声降解

将模拟废水倒入容器中，插入探针，在一定功率和时间下，用超声波发生器进行超声处理。超声处理后的溶液，用紫外-可见分光光度计测其吸光度，计算降解率。考察超声波频率、声强、溶液的 pH、超声处理时间对降解率的影响。

4. 设计可行的实验，探讨降解反应中间体及反应机理。

【思考题】

目前含单环芳烃废水的主要处理方法有哪些？试对这些方法进行比较分析。

实验四十
用双氰胺渣合成过氧化钙

【实验目的】
1. 学习双氰胺废渣循环利用的理念。
2. 学习用双氰胺渣合成过氧化钙的原理和方法。

【仪器与试剂】
仪器：磁力加热搅拌器、电热干燥箱、循环水式真空泵、电子天平、烧杯等。

试剂：双氰胺渣、盐酸、浓氨水、双氧水等。

【设计提示】
1. 双氰胺是石灰氮的主要衍生物，主要用于生产胍盐、氨基树脂、合成树脂固化剂、增效剂、医药产品等的化工原料。双氰胺在生产过程中会产生大量的废渣。双氰胺渣的主要成分是 $CaCO_3$（约占 80%），还含有少量的游离碳、铁、镁氧化物及砂石（有些公司采用砂石过滤法生产双氰胺，所以双氰胺渣内混有一定量的砂石）。刚排放的双氰胺渣水分含量约 40%，干燥后呈灰黑色。

2. 利用酸解法先将废渣酸化得到氯化钙溶液，经过滤，再加入浓 $NH_3 \cdot H_2O$ 和 H_2O_2 与之反应制得环境友好产品——CaO_2。具体循环利用流程如图 40-1 所示。

【实验要求】
按照设计提示和实验目的，撰写研究的开题报告、研究方案，交给老师审阅并同意后进行实验研究，并按期提交研究报告，制备 2~10g 产品。

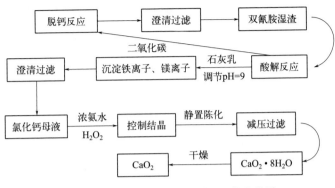

图 40-1 双氰胺渣的循环利用工艺流程图

实验四十一

活性炭固体酸催化剂的制备及其催化合成苯甲醛乙二醇缩醛

【实验目的】

1. 掌握一种活性炭固体酸的制备方法。
2. 学习常规合成苯甲醛乙二醇的原理及方法。
3. 熟悉红外光谱仪和阿贝折射仪的使用方法。

【实验原理】

缩醛是在食品和香精中广泛应用的新型香料，也常用于有机合成中作为羰基保护剂或中间体，还可用作溶剂。缩醛的传统合成方法是在无机液体酸的催化下，由醛和醇缩合而成，举例反应方程式如下所示：

$$\text{PhCHO} + \text{HOH}_2\text{C}-\text{CH}_2\text{OH} \xrightarrow[\text{加热回流}]{\text{催化剂}} \text{Ph-CH}\begin{pmatrix}O\\O\end{pmatrix}$$

传统无机酸催化剂在当前的化学工业反应中占据着主导地位，但其对环境的危害是显而易见的。这类酸催化反应在均相条件下进行，在生产中有许多缺点,如在工艺上难以实现连续生产、催化剂不易与原料和产物分离、腐蚀设备,以及反应原料的高物质的量之比导致增加回收工序而增添工业成本等。同时,有毒废物的排放对环境造成了严重的危害。因此,从化学工业的可持续发展观点来看,这类酸催化剂已不适应于当代环境保护的要求,而对废弃催化剂的处理也增加了生产成本,因此必须找到替代无机酸的新型催化材料。

固体酸催化剂的问世是酸催化研究的一大转折,它不仅能在一定程度上缓解或解决均相反应带来的一系列问题,而且可在高达 700~800K 的温度范围内使用,扩大了热力学上可能进行的酸催化反应的应用范围。固体酸材料作为催化剂,具有用量少、反应温度低、转化率高以及产品质量好等优点,是具有前景的新型催化剂。固体酸催化剂的使用是实现均相反应多相化的重要途径,反应结束后催化剂和产物容易分离,解决了催化剂回收、可重复或循环使用等问题,具有无"三废"排出及工艺流程简便等优点,且以极强的酸性和极高的活性去引发原来不易进行的反应,在资源开发、节省能源和环境保护等方面都具有很重要的意义,因而受到了人们的重视。某些固体酸的酸强度甚至超过了硫酸,也使它们有取代传统液体酸的可能。

活性炭是一种具有高度发达孔隙结构和极大内表面积的人工碳材料制品,已在许多领域得到了广泛应用。除了用作吸附剂外,活性炭还被作为催化剂和催化剂载体。活性炭中有无定形碳和石墨碳,具有不饱和键,因而具有类似于结晶缺陷的表现。而且在活性炭内部有含氧官能团,在反应体系中可用作酸性催化剂。所以,在很多情况下,活性炭是理想的催化剂,特别是在氧化还原反应中更是如此。活性炭在烟道气脱硫、硫化氰的氧化、光气的合成、氯化硫酰的合成、酯的水解等方面都有着广泛的应用。

利用活性炭很强的吸附能力,在高温下,通过吸附硫酸达到制备固体酸的目的,并用无水乙醇加热洗涤,除去固体酸表面易脱落的硫酸。

【仪器与试剂】

仪器:圆底烧瓶、三口烧瓶、分水器、常压蒸馏装置、红外光谱仪、阿贝折射仪等。

药品:活性炭、苯甲醛、乙二醇、浓硫酸、环己烷、无水乙醇、无水 $MgSO_4$ 等。

【实验步骤】

1. 活性炭固体酸催化剂的制备

采用高温浸渍法制取活性炭负载浓硫酸催化剂。向盛有 5.0g 活性炭的圆底烧瓶中缓慢滴加浓硫酸 7.0mL，加热搅拌，浸渍 0.5h。再加入无水乙醇 30mL，加热，洗涤至中性，抽滤、干燥备用。

2. 苯甲醛乙二醇的合成

将 0.4g 催化剂、0.075mol 苯甲醛、0.188mol 乙二醇和 6mL 带水剂环己烷加入 100mL 三口烧瓶中，充分混合后，将烧瓶放入微波化学合成仪（图 41-1）中，安装回流分水装置，加热回流，反应 2.5h。冷却至室温后取出，过滤并回收催化剂，反应液经饱和食盐水洗两次，水洗一次后，用无水 $MgSO_4$ 干燥，蒸馏，收集 216~220℃ 馏分，得无色透明具有果香味的液体产品。

图 41-1 微波化学合成仪

3. 红外表征及折射率的测定

对所得产品进行红外表征，参考数据为：$3039cm^{-1}$，$2891cm^{-1}$，$2984cm^{-1}$，$1459cm^{-1}$，$1400cm^{-1}$，$1221cm^{-1}$，$1097cm^{-1}$，$1092cm^{-1}$，$760cm^{-1}$，$701cm^{-1}$。文献值 $n_D^{20}=1.5265$，并计算收率。回收的催化剂用醇洗，然后抽滤、干燥得催化剂用于重复使用。

【数据处理】

1.打印红外光谱图，并对特征吸收峰进行归属。

2.计算产率过程要清晰，要体现在实验报告中。

【思考题】

1.用此方法制备的催化剂会有哪些不足之处？

2.合成苯甲醛乙二醇缩醛的方法还有哪些？

参考文献

[1] 陈小燕,杨浩,谢昊,等.微波辐射改性可膨胀石墨催化合成苯甲醛乙二醇缩醛[J].精细化工，2011,28(9)：880-882,892.

[2] 郑立攀,邓均云,陈小原.微波辐射下硫酸铜催化合成苯甲醛乙二醇缩醛[J].吉首大学学报(自然科学版),2008,29(1)：101-103.

[3] 陈梓怡,郑芷洁,叶伟健,等.共掺杂 $TB_{0.5}Zr_{0.5}H_{0.5}PW$ 催化合成苯甲醛乙二醇缩醛[J].精细化工,2024,41(6)：1292-1301.

[4] 刘飞,罗金岳.固体超强酸催化合成香草醛1,2-丙二醇缩醛[J].精细化工,2010,27(2)：155-159.

实验四十二

石墨相氮化碳的制备及其光催化降解罗丹明 B 的研究

【实验目的】

1.了解光催化降解染料分子的机理。

2.掌握石墨相氮化碳的结构和制备方法。

3.掌握光反应仪的操作方法。

4.学会光催化降解染料分子的实验操作。

【设计提示】

1.通过查阅文献，总结归纳出石墨相氮化碳的多种制备方法，经小组讨论细化出制备方案，并分工合作实施。

2.对甲基橙进行光降解时，首先要熟悉光反应仪的操作方法，并根据文献资料，总结出具体的降解操作方法，比如要先进行 30~40min 的暗反应，使之吸附饱和后再打开光源照射降解甲基橙溶液。

3.依据实验数据，绘制光降解曲线，并与文献进行对比研究。

【仪器与试剂】

仪器：光反应仪、紫外-可见分光光度计、电子分析天平、马弗炉、恒温干燥箱、容量瓶、微孔滤膜、注射器、比色管（10mL）等。

试剂：尿素、三聚氰胺、甲基橙、亚甲基蓝等。

【实验要求】

按照设计提示和实验目的，撰写研究的开题报告、研究方案，交给授课教师审阅，同意后进行实验研究，包括光催化剂的合成以及光催化降解甲基橙的研究。对实验数据进行讨论，与同类别的光催化剂进行比较，得出结论。按期提交研究报告。

参考文献

[1] 郑佳红，黄植. $Fe_3O_4/CoS/g-C_3N_4$ 催化剂的制备及降解罗丹明 B[J]. 硅酸盐学报，2024，52(12)：3748-3760.

[2] 曾军建，杜轶君，何静，等. 石墨相氮化碳的制备及在染料降解膜中的应用进展[J]. 化工进展，2024，1-19.

[3] 方玲. 石墨烯量子点/石墨相氮化碳复合物的制备及光催化降解性能研究[D]. 南京：南京信息工程大学，2024.

附　录

附录1　常用元素的原子量

元素名称	原子量	元素名称	原子量
氢　H	1.008	碳　C	12.011
氧　O	15.999	氮　N	14.007
锂　Li	6.94	氦　He	4.003
硼　B	10.81	氟　F	18.998
磷　P	30.974	氯　Cl	35.45
碘　I	126.90	钠　Na	22.990
硫　S	32.06	钾　K	39.098
硅　Si	28.085	铁　Fe	55.845
铝　Al	26.982	铜　Cu	63.546
银　Ag	107.87	锡　Sn	118.71
钡　Ba	137.33	锌　Zn	65.38
溴　Br	79.904	钙　Ca	40.078
锰　Mn	54.938	镁　Mg	24.305
砷　As	74.922	镍　Ni	58.693
铌　Nb	92.906	钴　Co	58.933
铂　Pt	195.08	铍　Be	9.0122
金　Au	196.97	汞　Hg	200.59
铅　Pb	207.2	钨　W	183.84

附录 2　常见基团和化学键的红外吸收特征频率

化合物	基团	频率/cm^{-1}	波长/μm	强度	振动类型
烷烃	—CH$_3$	2962±10	3.37	强	C—H 伸
		2972±10	3.48	强	C—H 伸
		1450±20	6.89	中	C—H 弯
		1375±10	7.25	强	C—H 弯
	—CH$_2$—	2926±5	3.42	强	C—H 伸
		2853±5	3.51	强	C—H 伸
		1465±20	6.83	中	C—H 弯
	—(CH$_3$)$_3$	1395～1385	7.16～7.22	中	C—H 弯
		1365±5	7.33	强	C—H 弯
		1250±5	8.00		C—H 伸
		1250～1200	8.00～8.33		C—H 伸
	—C(CH$_3$)$_2$—	1385±5	7.22	强	C—H 弯
		1370±5	7.30	强	C—H 弯
		1170±5	8.55		C—C 伸
		1170±1140	8.55～8.77		C—C 伸
	—(CH$_2$)$_n$—	750～720	13.33～13.88		C—C 伸($n=4$)
不饱和烃	C=C	1680～1620	5.95～6.17	变化	C—C 伸
	C=C(共轭)	约 1600	6.25	强	C—C 伸
	R—C≡CH	2140～2100	4.67～4.76	中	C≡C 伸
	R—C≡C—R	2260～2190	4.47～4.57	中	C≡C 伸
	—C≡C—(共轭)	2260～2235	4.42～4.47	强	C≡C 伸
	≡C—H	3320～3310	3.01～3.02	中	C—H 伸
		680～610	14.71～16.39	中	C—H 伸
芳香烃	C$_6$H$_6$	3070～3030	3025～3.30	强	C—H 伸
		1600～1450	6.25～6.89	中	C—C 伸
		900～695	11.11～14.39	强	C—H 弯
醇和酚	OH(二聚)(分子间氢键)(多聚)	3550～3450	2.82～2.90	变化	O—H 伸
		3400～3200	2.94～3.13	强	O—H 伸
	伯醇	3643～3630	2.74～2.75	强	O—H 伸
		1075～1000	9.30～10.00	强	C—O 伸
		1350～1260	7.41～7.93	强	O—H 伸

续表

化合物	基团	频率/cm^{-1}	波长/μm	强度	振动类型
醇和酚	仲醇	3635~3630	2.75~2.76	强	O—H 伸
		1120~1030	9.83~9.71	强	C—O 伸
		1350~1260	7.41~7.93	强	O—H 弯
	叔醇	3620~3600	2.76~2.78	强	O—H 伸
		1170~1100	8.55~9.09	强	C—O 伸
		1410~1310	7.09~7.63	中	O—H 弯
	酚	3612~3593	2.77~2.78	强	O—H 伸
		1230~1140	8.13~8.77	强	C—O 伸
		1410~1310	7.09~7.63	中	O—H 弯
胺	伯胺	3398~3381	2.92~2.96	弱	N—H 伸
		3344~3324	2.99~3.01	弱	N—H 伸
		1079±11	9.27	中	C—N 伸
		3400~3100	2.94~3.23	强	N—H 伸(氢键)
		1650~1590	6.06~6.29	强	N—H 弯
		900~650	11.11~15.38	弱	N—H 弯
	仲胺	3360~3310	2.76~3.02	弱	N—H 伸
		1139±7	8.78	中	C—N 伸
		1650~1550	6.06~6.45	弱	N—H 弯
羰基化合物	酮	1725~1705	6.00~5.87	强	C=O 伸
	芳酮	1690~1680	5.92~5.95	强	C=O 伸
	醛	1745~1730	5.73~5.78	强	C=O 伸
		2900~2700	3.45~3.70	弱	C—H 伸
		1440~1325	6.94~7.55	强	C—H 弯
	酯	1750~1730	5.71~5.78	强	C=O 伸
		1300~1000	7.69~10.00	强	C—O—C 伸
	酸	1725~1700	5.80~5.88	强	C=O 伸
		1700~1680	5.88~5.95	强	C=O 伸(芳酸)
		2700~2500	3.70~4.00	弱	O—H 伸(二聚体)
		3560~3500	2.81~2.86	中	O—H 伸(单体)
		1440~1395	6.94~7.19	弱	C—H 伸
		1320~1211	7.58~8.26	强	O—H 弯

续表

化合物	基团	频率/cm^{-1}	波长/μm	强度	振动类型
羧基化合物	COO$^-$	1610~1560	6.21~6.45	强	C=O 伸
		1420~1300	7.04~7.69	中	C=O 伸
	酰卤	1810~1970	5.53~5.59	强	C=O 伸
	伯酰胺	1690~1650	5.92~6.06	强	C=O 伸
		约 3520	2.84	中	N—H 伸
		约 3410	2.93	中	N—H 伸
		1420~1405	7.04~7.12	中	C—N 伸
	仲酰胺	1680~1630	5.95~6.13	强	C=O 伸
		约 3440	2.91	强	N—H 伸
		1570~1530	6.37~6.54	强	N—H 弯
		1300~1260	7.69~7.94	中	C—N 伸
	叔酰胺	1670~1630	5.99~6.13	强	C=O 伸
硝基化合物	C—NO$_2$（脂肪族）	1554±6	6.44	极强	N—O 伸
		1383±6	7.24	极强	N—O 伸
	C—NO$_2$（芳香族）	1555~1478	6.43~6.72	强	N—O 伸
		1357~1348	7.37~7.59	强	N—O 伸
		875~830	11.42~12.01	中	C—N 伸
	O—N=O	1640~1620	6.10~6.17	强	—N=O 伸
		1285~1270	7.78~7.87	强	—N=O 伸
有机卤化物	C—F	1100~1000	9.09~10.00	强	C—F 伸
	C—Cl	830~500	12.04~20.00	强	C—Cl 伸
	C—Br	600~500	16.67~20.00		C—Br 伸
	C—I	600~465	16.67~21.50		C—I 伸
其他有机化合物	—C—S—H	2950~2500	3.38~3.90	弱	S—H 伸
		700~590	14.28~16.95	弱	C—S 伸
	C=S	1270~1245	7.87~8.03	强	C=S 伸
	C—P—H	2475~2270	4.04~4.40	中	P—H 伸
		1250~950	8.00~10.53	弱	P—H 弯
	C—Si—H	2280~2050	4.39~4.88	极强	Si—H 伸
		890~860	11.24~11.63		Si—H 弯

续表

化合物	基团	频率/cm^{-1}	波长/μm	强度	振动类型
无机化合物	CO_3^{2-}	1490~1410	6.71~7.09	极强	C—O 伸
		880~860	11.36~12.50	中	C—O 弯
	SO_4^{2-}	1130~1080	8.85~9.62	极强	S—O 伸
		680~610	14.71~16.40	中	S—O 弯
	NO_2^-	1250~1230	8.00~8.13	强	N—O 伸
		1360~1340	7.35~7.46	强	N—O 伸
		840~800	11.90~12.50	弱	N—O 弯
	NO_3^-	1380~1350	7.25~7.41	极强	N—O 伸
		840~815	11.90~12.26	中	N—O 弯
	NH_4^+	3300~3030	3.03~3.33	极强	N—H 伸
		1485~1390	6.73~7.19	中	N—H 弯
	PO_4^{3-} HPO_4^{2-} $H_2PO_4^-$	1100~1000	9.09~10.00	强	P—O 伸
	ClO_3^-	980~930	10.20~10.75	极强	Cl—O 伸
	ClO_4^-	1140~1160	8.77~9.43	强	Cl—O 伸
	$Cr_2O_7^{2-}$	950~900	10.35~11.11	强	Cr—O 伸
	CN^- CNO^- CNS^-	2200~2000	4.55~5.00	强	C—N 伸

注:"伸"表示伸缩振动,"弯"表示弯曲振动。

附录3 常用有机溶剂的沸点、相对密度

名称	沸点/℃	相对密度 d_4^{20}	名称	沸点/℃	相对密度 d_4^{20}
甲醇	64.7	0.7914	苯	80.1	0.87865
乙醇	78.4	0.7893	甲苯	110.6	0.8669
乙醚	34.5	0.71378	氯仿	61.7	1.4832
丙酮	56.5	0.7899	四氯化碳	76.54	1.5940
乙酸	117.9	1.0492	二硫化碳	46.25	1.2632
乙酸乙酯	77.06	0.9003	硝基苯	210.8	1.2037
二氧六环	101.1	1.0337	正丁醇	117.26	0.8098
苯甲醛	178	1.0415	正庚烷	98.5	0.68
环己烷	80.7	0.779	甲苯	110.8	0.866
正己烷	68.7	0.659	二甲苯	137~140	0.86

附录 4　实验室常用酸碱溶液的密度、质量分数和浓度

试剂名称	密度/(g·mL^{-1})	质量分数/%	浓度/(mol·L^{-1})
浓硫酸	1.84	98	18.4
浓盐酸	1.19	38	12.4
浓磷酸	1.7	85	14.7
浓硝酸	1.41	68	15.2
冰醋酸	1.05	99	17.5
浓氢氧化钠	1.44	约41	约14.4
浓氨水	0.91	约28	14.8

附录 5　紫外光谱常用溶剂物理和化学参数

化合物	临界波长 λ_c/nm	摩尔吸光系数 ε /L·mol^{-1}·cm^{-1}	沸点/℃
正己烷	210	1.89^{20}	68.7
正庚烷	197	1.92^{20}	98.5
环己烷	210	2.02^{20}	80.7
二硫化碳	380	2.63^{20}	46
二氯甲烷	235	8.93^{20}	40
三氯甲烷	245	4.81^{20}	61.1
四氯甲烷	265	2.24^{20}	76.8
1,2-二氯乙烷	226	10.42^{20}	83.5
甲醇	210	33.0^{20}	64.7
乙醇	210	25.3^{20}	78.4
1-丙醇	210	20.8^{20}	97.2
乙醚	218	4.27^{20}	34.5
甘油	207	46.53^{20}	290
丙酮	330	21.01^{20}	56.5
乙酸	260	6.20^{20}	117.9
乙腈	190	36.64^{20}	81.6
乙酸乙酯	255	6.08^{20}	77.1
乙酸丁酯	254	5.07^{20}	126.1
乙酸戊酯	212	4.79^{20}	149.2

续表

化合物	临界波长 λ_c/nm	摩尔吸光系数 ε /L·mol^{-1}·cm^{-1}	沸点/℃
DMF	270	38.25^{20}	153
吡啶	330	13.26^{20}	115.2
四氢呋喃	220	7.52^{22}	65
苯	280	2.28^{20}	80.0
甲苯	286	2.38^{20}	110.6
o-二甲苯	290	2.56^{20}	144.5
m-二甲苯	290	2.36^{20}	139.1
p-二甲苯	290	2.27^{20}	138.3
水	191	80.10^{20}	100.0

附录 6 共轭烯烃吸收带波长的计算方法

基团		对吸收带波长的贡献/nm
共轭双烯的基本骨架	C=C—C=C	217
环内双烯		36
每增加一个共轭双键		30
每一个烷基或环烷取代基		5
每一个环外双键		5
每一个助色团取代	RCOO—	0
	RO—	6
	RS—	30
	Cl— 或 Br—	5
	R_2N—	60